주변의 모든 것을 화학식으로 써 봤다

주변의 모든 것을 화학식으로 써 봤다

야마구치 사토루 지음 | 김정환 옮김 | 장홍제 감수

더숲

머리말

우리 주변에 있는 물건들은 무수히 많은 작은 분자로 구성되어 있다. 우리 인간의 몸도 분자가 모여서 만들어진 것이다. 이 세상에는 분자로 구성된 것이 많다는 이야기다.

그런 분자는 화학식이라는 것으로 나타낼 수 있는데, 여러분은 화학식이 무엇인지 아는가?

화학식이란 예를 들면 물은 H_2O, 산소는 O_2, 수소는 H_2 등과 같이 분자를 알파벳과 숫자로 나타낸 것이다. 중학교 과학 시간에 배웠을 것이다. 고등학교에 진학하면 화학 수업 시간에 좀 더 자세히 배운다.

여러분은 이 책의 제목인 '주변의 모든 것을 화학식으로 써 봤다'를 보고 어떤 느낌을 받았는가? 중학생이라면 '모든 것이라고? 화학식이 그렇게나 많아?'라고 놀랐을지도 모른다. 문과계열을 선택한 고등학생이라면 '분명히 화학식을 배우기는 했지만, 화학식이 그렇게 많은 줄은 몰랐네. 내가 배운 것 말고 또 어떤 화학식이 있으려나?'라며 흥미를 느꼈을 수도 있다. 이제 화학식과는 무관한 생활을 하는 사회인이라면 '지금 화학식을 다시 공부하면 세상에 다르게 보여서 재미있을지도……'라며 새롭게 도전할 마음을 먹었을지도 모른다.

이 책은 그런 여러분을 위해서 쓴 것이다.

요컨대 문과를 선택할지 이과를 선택할지 결정하지 않은 사람이나 문과를 선택한 사람이 화학을 즐기기를 바라는 마음으로 썼다는 말이다!

화학을 즐기면서 공부하는 학생들이라면 수업이 재미있어지고 성적이 오를 수도 있으며, 사회인이라면 세상의 뉴스를 화학의 관점에서 이해할 수 있게 될 수도 있다. 노벨 화학상 수상, OLED 디스플레이, 셰일오일, 의약품의 개발 등 우리가 사는 세상에는 화학과 관련된 이야기가 넘쳐난다.

이 책에서는 우리 주변에 있는 것들을 화학식으로 써 봤다. 그리고 그 화학식을 통해 우리 주변에 있는 것들이 분자의 세계에서 어떻게 구성되어 있는지, 어떤 활약을 하고 있는지를 조금이나마 전문적으로 설명하고자 했다.

탄소 군

탄소 군이 그 해설을 맡아 줄 것이다.

탄소 군의 몸인 C는 탄소를 의미하는 C다.

수많은 원소 가운데 왜 탄소를 선택했는지 의아하게 여기는 독자가 있을 것이다. '탄소라면……, 숯 아니야? 새까만 숯이잖아!' 이렇게 생각하는 독자도 많을 것이다.

분명히 탄소는 숯의 주된 성분이지만, 다양한 형태로 세상에 존재한다. 그리고 정확히 설명하면 우리 생명체의 핵심이 되는 원자다.

이 책을 읽어 나가면 어렴풋이 깨닫게 되겠지만, 우리의 몸속에는 탄소가 중심이 되어서 만들어진 분자가 많다. 또한 우리 인류가 만들어낸 화학제품 중에도 탄소가 들어 있는 것이 많다. 탄소는 새까만 숯에만 있는 것이 아니라는 뜻이다.

탄소 군 외에도 산소 양과 수소 연구원이 설명을 도와줄 것이다.

알다시피 산소 O와 수소 H는 생명에 없어서는 안 될 물(H_2O)을 구성하는 원자다.

산소 양　　　　수소 연구원

이 책의 내용은 대략 다음과 같다.

1장은 화학에 관한 기본적인 내용을 담고 있다. 화학 세계의 핵심인 원자와 분자에 관해, 그리고 화학식에 관해 설명한다. 또한 좀 더 깊이 이해할 수 있도록 화학 반응식에 관해서도 설명한다.

2장에서는 공기 속의 분자에 관해 다룬다.

그리고 3장부터 6장까지는 부엌, 욕실과 화장실, 거실과 침실, 실외 등 장소별로 우리 주변에 있는 것들을 화학의 관점에서 살펴본다.

자, 지금부터 함께 화학의 세계를 즐겨 보자!

감수의 글

화학은 다양한 방식으로 이해할 수 있습니다. 화학은 모든 물질의 학문이거나, 전자의 학문일 수도 있으며, 단어 그 자체로 변화(化)의 학문이라 요약될 수도 있습니다. 음식, 옷, 건물, 전자기기, 건축물 등 우리 주변의 갖가지 물질들은 서로 다른 원소와 결합 방식으로 특유의 능력을 나타냅니다. 그러나 이토록 중요한 화학은 때로는 다른 과학 분야들과 비교했을 때 낯설고 어렵게 느껴질 때도 많습니다.

화학은 우주, 운동, 현상을 논리와 수식으로 풀어나가는 물리학이나 생명의 원리를 탐구하는 생명과학과 다른, 어떤 특징을 가지고 있을까요? 수많은 화학자의 끝없는 도전으로부터 이제껏 발견된 118개의 원소는 알파벳이라 볼 수 있습니다. 영어의 ABC…, 한글의 ㄱㄴㄷ…과 같이 더 이상 간단히 나눌 수 없는 가장 작은 단위인 것도 들어맞습니다. 알파벳들이 서로 다른 개수와 순서로 배열되며 만들어져 단어를 형성하듯, 화학에서는 화학 알파벳들이 서로 결합하여 화학 단어(분자)를 만듭니다. 그리고 단어들이 연결되면 문장이 완성되듯 화학 분자들은 반응식 혹은 화학식이라는 형태의 문장을 이룹니다.

화학은 마치 하나의 언어와 비슷합니다. 그리고 언어를 잘 이해하고 다루기 위해서는 그 언어의 약속인 문법을 이해하고 따라야 합니다. 화학도 같은 방식으로 접근하면 간단합니다. 왜 소금은 Na와 Cl이 하나씩 결합한 NaCl로만 쓰이는지, 산(H^+)과 염기(OH^-)가 만나면 어째서 중화 반응을 통해 물(H_2O)이 남게 되는지. 모든 것을 알고 나면 당연한 화학 문법들로 이루어져 있습니다.

《주변의 모든 것을 화학식으로 써 봤다》는 주변에서 자주 들리는 친숙한 화학 이야기부터 조금은 복잡해서 쉽게 들리지 않는 내용까지 모두 화학식으로 풀어냅니다. 중간중간 화학식의 문법들을 소개하기도 하고 식으로 나타내는 편리함을 선보입니다. 화학이 낯선 사람들에게 두통을 안겨 주던 알파벳과 숫자, 기호, 화살표가 뒤섞인 화학식은 사실 물질의 가장 간단한 문장입니다. 이 책은 기억에 묻혀 있는 화학식을 다시금 떠올릴 기회를 줄 것입니다.

차례

Chapter 4 욕실·화장실의 화학식을 살펴보자

Chapter 5 거실·침실의 화학식을 살펴보자

Chapter 6 그 외의 화학식을 살펴보자

Chapter

1

화학식과 화학 반응식이란 무엇일까?

주변에 있는 것들을 화학식으로 나타내기에 앞서 짚고 넘어가야 할 것이 있다. 바로 '화학식이란 무엇인가?'라는 것이다.

우선 화학에 관해 알아보자. 화학은 한자로 '化學'으로, '화(化)'에는 모양이 바뀐다는 의미가 있다. 그럼 무엇이 바뀌는 것일까?

바로 분자다.

그렇다면 분자란 무엇일까? 우리 주변에 있는 물의 분자에 관해 생각해 보자.

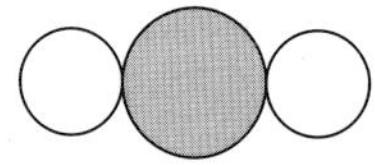

이것은 물 분자를 나타낸 그림이다. 분자의 크기는 너무나도 작아서 사람의 눈에는 보이지 않지만, 물은 이런 물 분자가 잔뜩 모여서 만들어진 것이다. 그리고 그림에서 회색 원은 산소 원자, 흰색 원 2개는 수소 원자다. 이처럼 매우 작은 원자가 모여 분자를 이루고 있다는 사실을 기억해 두기 바란다. 얼마나 작은가 하면, 원자의 크기는 골프공의 수억 분의 1 정도밖에 되지 않는다. 참고로 골프공의 크기는 지구의 수억 분의 1 정도다. 이제 원자의 크기가 얼마나 작은지 상상이 갈 것이다.

물의 분자는 산소 원자와 수소 원자로 구성되어 있다고 이야기했는데, 그렇다면 공기 속에 있는 산소 분자나 수소 분자는 어떻게 나타낼까?

산소 분자는 산소 원자 2개가 붙어 있으며, 공기 속을 떠다닌다.

수소 분자도 수소 원자 2개가 붙어서 만들어진다.

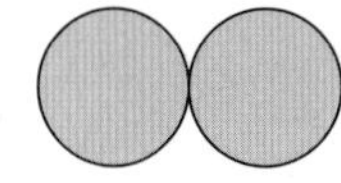
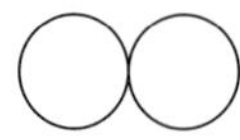

이처럼 산소나 수소는 원자 형태로 존재하는 것이 아니라 달라붙어서 분자 형태로 존재한다.

이제 원자와 분자가 무엇인지 알았을 터이니 다시 본론으로 돌아가 보자. 앞에서 화학이란 분자가 변하는 학문이라고 말했는데, 대체 어떻게 변하는 것일까?

예를 들어 수소 분자가 2개, 산소 분자가 1개 있다고 가정하자. 수소와 산소 분자를 함께 태우면 물 분자가 2개 생긴다.

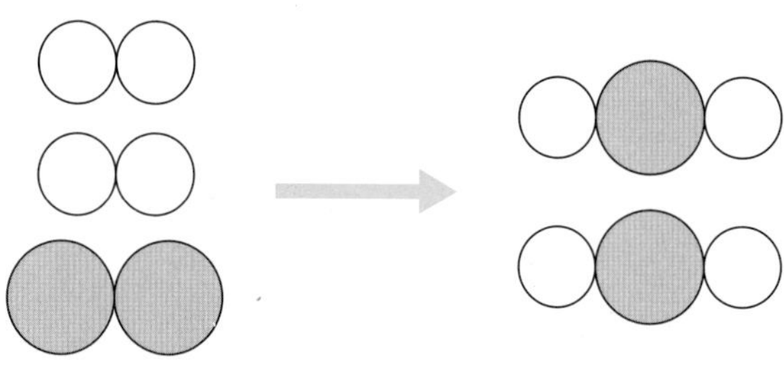

위의 그림과 같이 수소의 원자와 산소의 원자가 태우기 전과는 다른 형태로 붙어서 물의 분자가 만들어진다. 다시 말해 수소의 분자와 산소의 분자가 물의 분자로 변한 것이다.

이렇게 분자가 바뀌는 것을 화학의 세계에서는 화학 반응이라고 부른다.

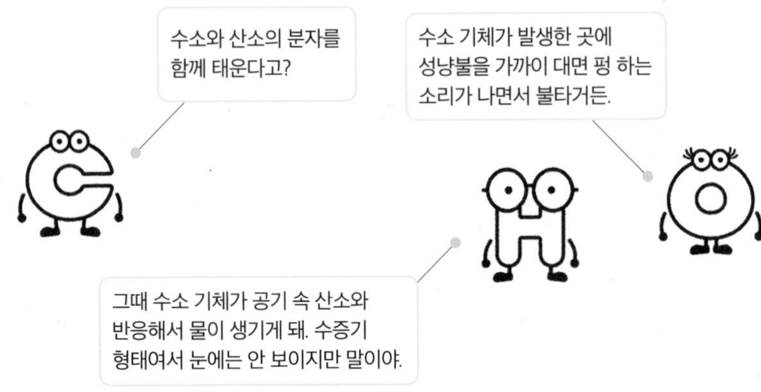

그런데 지금까지는 원자를 원으로 그렸지만, 사실 화학의 세계에서는 원자를 일일이 원으로 그리지 않는다. 앞서 이야기했던 화학식을 사용해서 나타낸다. 예를 들면 수소의 분자는 H_2, 산소의 분자는 O_2, 물의 분자는 H_2O다. 이것을 각각 '에이치투', '오투', '에이치투오'라고 읽는다.

수소의 원자는 H, 산소의 원자는 O라는 알파벳, 이른바 원소기호로 표시한다. 그리고 오른쪽 아래에 있는 작은 숫자는 원자의 수를 나타낸 것이다. 단, 원자의 수가 1일 경우는 1이라는 숫자를 적지 않고 생략하는 것이 관례다.

화학식에 대한 설명이 끝났으니, 이제 앞에서 이야기했던 수소의 분자와 산소의 분자를 함께 태울 때 물의 분자가 생기는 화학 변화를 화학식으로 나타내 보자.

$$2H_2+O_2 \rightarrow 2H_2O$$

수소의 분자 앞에 2, 물의 분자 앞에도 2라는 숫자가 적혀 있는 것이 보일 것이다. 이것은 수소의 분자가 2개 사용되어서 물의 분자가 2개 생겼다는 의미다. 1개밖에 사용하지 않은 산소 분자 앞에 붙어 있어야 할 1이라는 숫자는 관례상 생략한다.

이것이 화학 반응식이다.

이제 화학식, 그리고 화학 반응식이 무엇인지 이해했으리라 믿는다. 앞으로는 수소의 원자와 산소의 원자 이외에도 다양한 종류의 원자가 등장할 것이다. 이를테면 앞에서도 등장한 탄소의 원자, 그리고 질소의 원자 등이 등장할 예정이다. 물론 이것들도 수소의 원자를 H, 산소의 원자를 O로 나타냈듯이 알파벳 첫 글자를 딴 원소기호로 표시한다. 탄소의 원소기호는 이미 이야기했듯이 C이고, 질소의 원소기호는 N이다. 이런 원자들이 서로 달라붙어서 여러 가지 분자를 만들어낸다.

그러면 우리 주변의 모든 것을 화학식으로 살펴보자!

Chapter 2

공기의 화학식을 살펴보자

1 공기는 어떤 분자로 구성되어 있을까?

먼저 우리와 가장 가까이 있는 것을 생각해 보자. 어디에 있든 반드시 우리 주위에 있는 것, 바로 공기다. 눈에는 보이지 않지만 공기 속에는 수많은 분자가 떠다닌다. 앞에서 이야기했듯이 산소는 산소 원자가 2개 달라붙은 분자의 형태(O_2)로 공기 속을 떠다닌다.

아래의 원그래프는 공기의 성분 비율(부피 백분율)을 나타낸 것이다. 산소의 분자는 공기의 약 20퍼센트를 차지하고 있다. 그리고 나머지 약 80퍼센트는 질소의 분자로 구성되어 있다. 질소의 원소기호는 N이다. 질소 분자는 질소의 원자 2개가 달라붙은 형태(N_2)로 존재하며, 공기의 대부분을 차지한다.

또한 공기 속에는 질소와 산소 외에도 아주 조금이지만 다른 분자가 존재한다. 그것이 그래프에 있는 '그 밖의 분자'다.

어떤가? 이제 우리가 공중을 떠도는 분자들 속에서 생활하고 있음을 깨달았을 것이다.

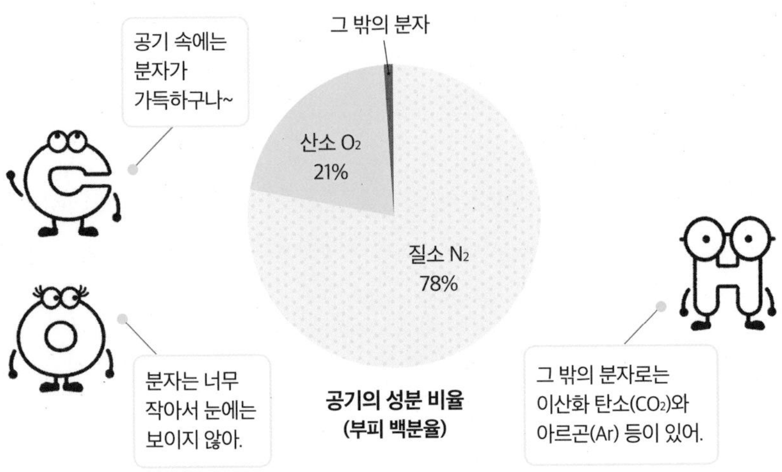

공기의 성분 비율 (부피 백분율)

2 동물과 식물은 호흡과 광합성으로 협력한다

이제 공기 속에 분자가 잔뜩 있다는 사실을 알았을 것이다. 우리는 매일 그런 분자들을 몸속에 받아들이며 생활하고 있다. “산소를 들이마시고 이산화 탄소를 내뱉으며 살고 있다”라는 말을 들어 본 적이 있을 텐데, 이 말은 대체 무슨 뜻일까?

이것은 우리 몸이 에너지를 만들어내기 위한 중요한 과정으로, 호흡이라고 부른다.

이산화 탄소는 탄소 원자에 산소 원자가 2개 붙어 있는 분자로, 화학식은 CO_2다. 공기 속에는 CO_2가 얼마나 있을까? 그 비율은 0.038퍼센트로 매우 작다.

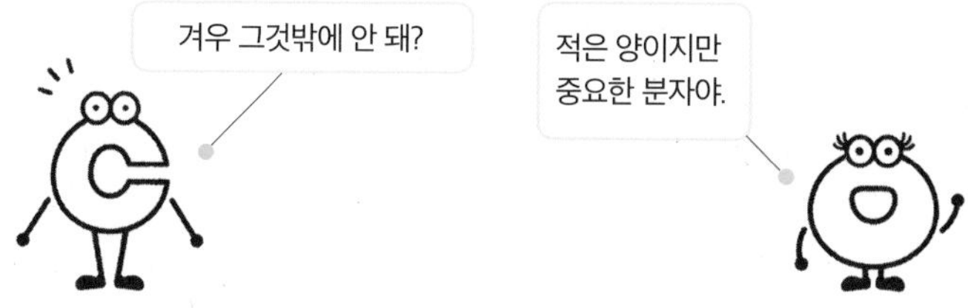

CO_2는 우리 인간(동물)의 호흡을 통해서 방출되는데, 공기 속의 CO_2는 무엇에 도움이 되는 것일까?

CO_2를 이용하는 것은 바로 식물이다. 식물은 CO_2를 흡수해서 광합성에 사용한다. 광합성이란 식물이 물과 햇빛, 그리고 CO_2를 사용해서 양분을 만들어내는 과정을 가리킨다. 식물은 이 과정에서 O_2를 방출한다. 그리고 공기 속에 방출된 O_2는 동물이 호흡을 하는 데 사용된다.

이 일련의 흐름을 그림으로 정리했다.

동물과 식물이 O_2와 CO_2를 통해 서로 협력하고 있음을 알 수 있을 것이다.

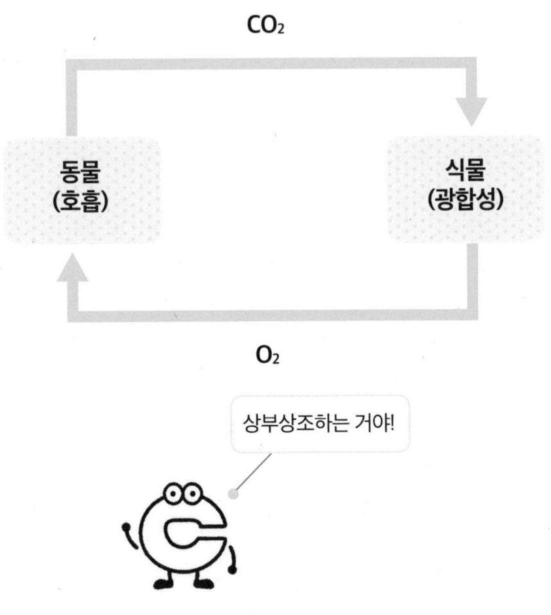

3 호흡과 광합성 ✦조금 더 자세히!✦

앞에서 설명했듯이 동물과 식물은 O_2와 CO_2를 주고받는다. 이처럼 우리는 호흡을 통해서 살아가는 데 필요한 에너지를 만들어낸다. 그런데 에너지를 만들어낼 때 필요한 것은 O_2만이 아니다. 물도 필요하고, 음식에서 얻을 수 있는 어떤 분자도 필요하다.

그 분자가 바로 글루코스다.

쌀이나 빵에 들어 있는 전분이라는 영양소를 아는가? 글루코스 여러 개가 연결되어서 만들어진 분자다. 전분은 우리 몸에 들어오면 분해되어 글루코스가 된다.

글루코스의 화학식은 $C_6H_{12}O_6$다.

그러면 호흡을 통해서 글루코스로부터 에너지를 얻는 과정을 화학 반응식으로 나타내 보자.

호흡

$$C_6H_{12}O_6 + 6O_2 + 6H_2O \rightarrow 6CO_2 + 12H_2O + \text{에너지}$$

글루코스($C_6H_{12}O_6$)가 O_2, H_2O와 함께 화학 반응에 사용된 것이 보일 것이다. 그 결과 CO_2와 H_2O가 생기고, 이때 에너지가 발생한다. 에너지의 정체는 ATP라고 부르는 분자로, 이 분자는 커다란 에너지를 지니고 있다.

참고로 ATP는 화학식이 아니라 adenosine triphosphate의 약어다. '아데노신삼인산'이라고 하며, 화학식은 $C_{10}H_{16}N_5O_{13}P_3$이다. 화학식에서 P는 인의 원소기호를 나타낸다.

한편 식물은 흡수한 CO_2로부터 글루코스를 만들어낸다. 이 과정이 광합성이며, 다음의 화학 반응식으로 나타낼 수 있다.

광합성

$$6CO_2 + 12H_2O + \text{빛 에너지} \rightarrow C_6H_{12}O_6 + 6O_2 + 6H_2O$$

이와 같이 식물은 CO_2와 H_2O, 그리고 빛 에너지로부터 글루코스($C_6H_{12}O_6$)를 만들어낸다. 이 과정에서 O_2와 H_2O도 생겨난다. 말하자면 식물은 동물의 호흡에 필요한 글루코스의 공급원인 것이다.

또한 식물 자신도 우리와 마찬가지로 스스로 만들어낸 글루코스를 사용해서 호흡을 하고 에너지를 만들어낸다.

Chapter 3

부엌의 화학식을 살펴보자

이 장에서는 부엌에 있는 것들을 화학식으로 나타내 보고자 한다. 어떤 것들이 있을까?

먼저 냉장고 속을 들여다보자!

1 뚜껑 연 탄산음료가 밍밍한 설탕물이 되는 이유

우선 탄산음료에 관해 이야기해 보자. 탄산음료는 차가워야 맛있으므로 냉장고에 넣어 두는 사람이 많다. 사실 탄산음료는 맛을 첨가한 물에 이산화 탄소가 녹아 있는 음료수다.

잠시 복습하자면 이산화 탄소의 화학식은 CO_2였다.

CO_2는 실온에서 기체, 즉 가스 상태다. 탄산음료에서 나오는 기포가 바로 CO_2다.

다만 CO_2는 물에 잘 녹지 않는 것으로 알려져 있다. 그렇다면 잘 녹지 않는데 어떻게 탄산음료 속에 녹아 있는 것일까? 탄산음료를 만들 때 큰 압력을 가해서 CO_2를 물속에 억지로 녹인 것이다.

기체는 압력을 가하면 액체에 잘 녹는 성질이 있다(이것을 '헨리의 법칙'이라고 부른다). 탄산음료의 뚜껑을 여는 순간 억지로 녹인 CO_2가 기포가 되어 날아간다. 그러므로 탄산음료의 뚜껑을 연 채 두면 CO_2가 공기 속으로 날아가 그냥 밍밍한 설탕물이 되어 버린다.

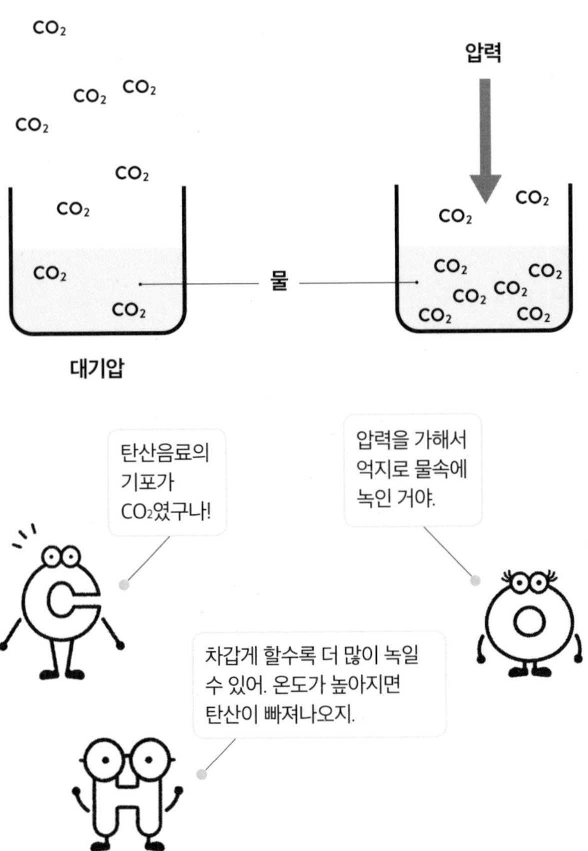

2 드라이아이스는 CO_2 덩어리

이번에는 냉장고의 냉동실을 들여다보자. 냉동실에는 아이스크림이나 냉동식품이 들어 있다. 녹지 않도록 냉동실에 넣어 두는 것인데, 아이스크림이나 냉동식품을 사면 보냉제로 드라이아이스가 함께 들어 있는 경우가 많다.

이제 그 드라이아이스에 관해 이야기해 보자.

드라이아이스는 CO_2 덩어리 고체다. CO_2는 물론 실온에서는 기체 상태이지만, 차갑게 하면 고체가 된다. 물을 얼리면 얼음이 되는 것과 같다. 다만 물은 섭씨 0도에서 고체가 되는 데 비해 CO_2는 섭씨 약 마이너스 78도에서 고체가 된다. 이 정도로 온도가 낮은 드라이아이스를 함께 넣어 두니까 아이스크림이나 냉동식품이 계속 차가운 상태로 유지된다.

그러나 실온에 놓아두면 드라이아이스는 시간이 지나면서 CO_2 기체 상태로 돌아간다. 얼음은 녹으면 액체(물)가 되지만 CO_2는 기체가 되어 버리는 것이다. 이것을 '승화'라고 부른다.

드라이아이스는 결국 사라져 버린다.

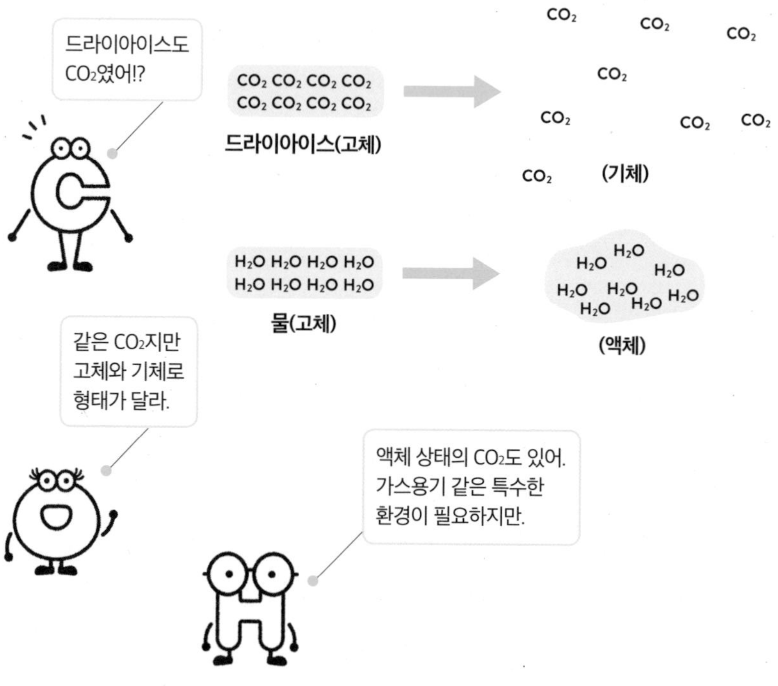

3 술(C_2H_6O)을 마시면 숙취에 시달리는 이유

다음은 냉장고에 들어 있을 때도 있고 들어 있지 않을 때도 있는 술에 관한 이야기다. 청소년에게는 친숙하지 않겠지만, 술을 화학의 관점에서 생각해 보자.

술에 세지 않은 사람은 술을 마시면 금방 취해 버린다. 필자도 그런 사람 중 한 명이다. 이것은 술에 들어 있는 알코올 성분 때문이다.

화학의 세계에서는 술에 들어 있는 알코올을 '에탄올'이라고 부른다.

에탄올의 화학식은 C_2H_6O다. 에탄올 C_2H_6O가 우리 몸에 들어가면 간에 있는 '효소'라고 부르는 분자와 화학 반응을 일으킨다. 효소는 화학 반응을 일으키는 작용을 하는 매우 커다란 분자다(32쪽에서 조금 더 자세히 설명하겠다).

그 반응 과정은 아래의 식1과 같다.

$$\underset{\text{에탄올}}{C_2H_6O} \xrightarrow{\text{효소}} \underset{\text{아세트알데하이드}}{C_2H_4O} \xrightarrow{\text{효소}} \underset{\text{아세트산}}{C_2H_4O_2} \quad \text{(식1)}$$

에탄올은 수소 원자가 2개 없어진 아세트알데하이드로 변환된 뒤, 산소 원자가 1개 늘어난 아세트산이라는 분자로 변환된다.

이번에는 아래의 식2를 살펴보자.

$$\underset{\text{에탄올}}{CH_3CH_2OH} \xrightarrow{\text{효소}} \underset{\text{아세트알데하이드}}{CH_3CHO} \xrightarrow{\text{효소}} \underset{\text{아세트산}}{CH_3COOH} \quad \text{(식2)}$$

분자의 이름은 식1과 같지만 화학식의 생김새가 뭔가 다름을 알 수 있을 것이다. 일단 에탄올이 C_2H_6O가 아니라 CH_3CH_2OH로 표기되었다. C와 H를 하나로 묶지 않고 따로따로 적은 것이다. 다른 두 분자도 마찬가지다. 이것은 최대한 분자의 진짜 구조에 가깝게 나타낸 것이다. 아래의 식3은 이 분자들의 모양을 그대로 따서 입체적으로 그린 모식도다.

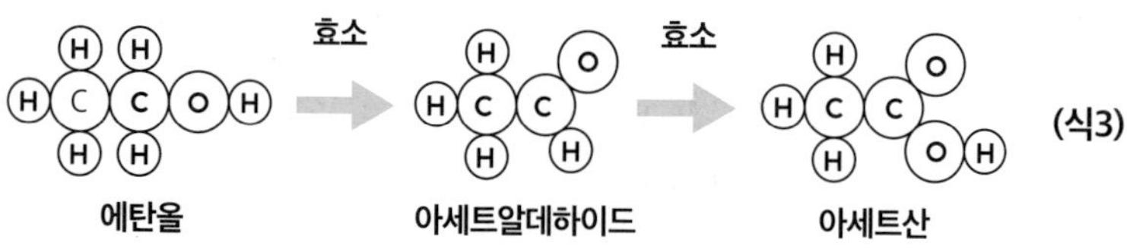

C라고 적힌 원이 탄소의 원자이고, H가 수소의 원자, O가 산소의 원자다. C, H, O는 물론 원소기호다.

에탄올을 살펴보면 왼쪽의 탄소 원자에 수소 원자 3개가 붙어 있고(식2에서는 CH_3에 해당한다), 오른쪽의 탄소 원자에는 수소 원자 2개가 붙어 있다(CH_2에 해당한다). 또한 오른쪽의 탄소 원자에는 산소 원자가 붙어 있고, 그 산소 원자에는 수소 원자가 1개 붙어 있다(OH).

위 식3 모식도와 식2를 비교하면, 식2는 분자의 구조를 반영한 화학식임을 알 수 있을 것이다. 화학의 세계에서는 이렇게 분자의 구조를 반영해서 나타내는 편이 이해하기 쉬운 경우가 많다.

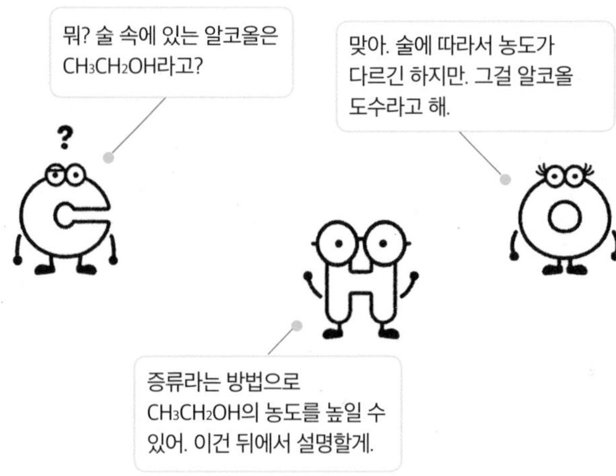

그럼 식4로 이 반응에 관해 조금 더 생각해 보자. 먼저 효소가 작용함으로써 에탄올 속의 화살표로 가리킨 수소 2개가 빠져서 아세트알데하이드로 변화된다.

다음에는 다시 효소의 작용으로 아세트알데하이드의 산소 원자가 1개 늘어나 아세트산이 생성된다. 분자 속의 어디에 있는 원자가 늘어나거나 줄어들었는지를 알면 화학을 이해한 것 같은 기분이 든다.

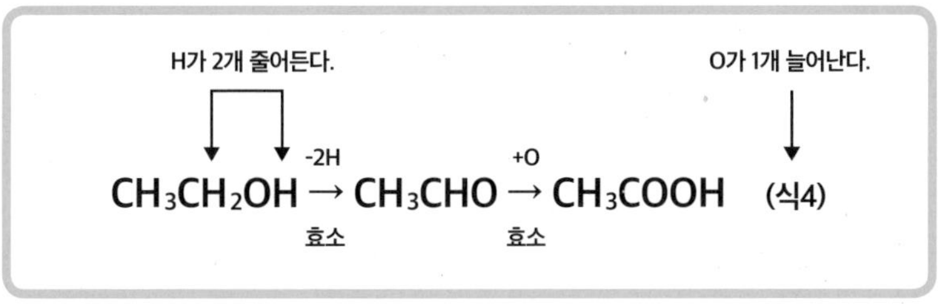

$$CH_3CH_2OH \xrightarrow[\text{효소}]{-2H} CH_3CHO \xrightarrow[\text{효소}]{+O} CH_3COOH \quad (\text{식}4)$$

참고로 몸속에 생긴 아세트산은 다시 분해되어서 몸 밖으로 배출된다. 이처럼 우리 몸은 에탄올을 변환시켜 몸 밖으로 배출하는 화학 반응을 일으킨다. 그러나 효소의 작용을 초과하는 양의 술을 마셔 버리면 에탄올이나 아세트알데하이드가 몸속에 남는다. 아세트알데하이드는 두통이나 구역질을 유발하기 때문에 이른바 숙취의 원인이 된다.

4 효소가 뭐야? ✦조금 더 자세히!✦

이제 효소에 관해 좀 더 자세히 알아보자. 이미 이야기했듯이 효소란 화학 반응을 일으키는 작용을 하는 분자다.

사실 앞에서 소개한 에탄올과 효소의 반응에서는 첫 단계에 작용한 효소와 다음 단계에 작용한 효소가 다르다. 에탄올을 아세트알데하이드로 변환하는 효소의 이름은 알코올 탈수소 효소(alcohol dehydrogenase, ADH)이고, 아세트알데하이드를 아세트산으로 변환하는 효소의 이름은 알데하이드 탈수소 효소(aldehyde dehydrogenase, ALDH)다. 알코올 체질 검사를 받은 적이 있는 사람은 ADH와 ALDH라는 명칭을 들어 본 적이 있을 것이다.

효소를 구성하는 원자는 주로 C와 H, O, N, 그리고 S(S는 황의 원소기호다)로, 지금까지 등장한 분자와 별로 다르지 않다. 그러나 지금까지 등장했던 분자와 비교하면 크기가 매우 크다. 가령 알코올 탈수소 효소나 알데하이드 탈수소 효소의 질량은 에탄올이나 아세트알데하이드의 1,000배가 넘는다! 이를 보면 매우 큰 분자임을 상상할 수 있을 것이다.

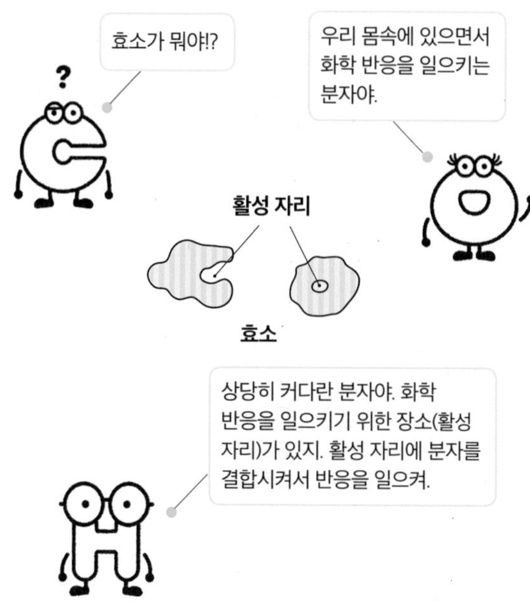

예로 든 ADH와 ALDH의 경우처럼, 효소에는 여러 종류가 있으며 각각 역할이 다르다. 우리 몸속에도 다양한 종류의 효소가 있다(이 책에도 다수가 등장한다). 또한 같은 종류의 효소라도 효소를 구성하는 원자의 일부가 사람에 따라 미묘하게 다르며, 작용의 정도도 달라진다. 그래서 ADH와 ALDH의 작용도 사람마다 다르기 때문에 술이 센 사람과 약한 사람이 있는 것이다.

참고로 2장에서 이야기한 호흡이나 광합성도 사실은 생체의 내부에 있는 효소 없이는 진행되지 않는다.

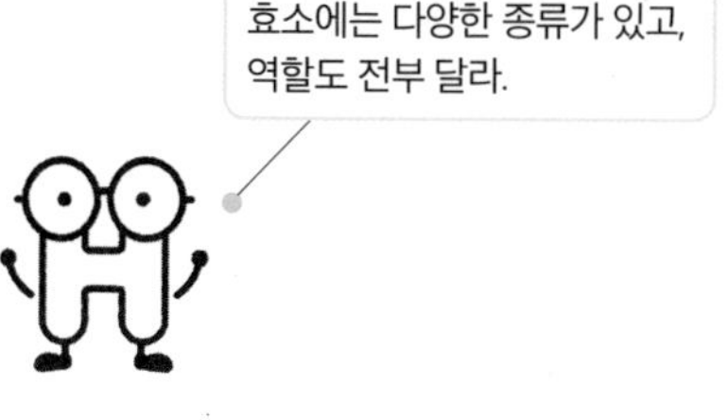

5 소금(NaCl)은 왜 물속에서 쉽게 분해될까?

다음에는 냉장고를 닫고 부엌 수납장의 조미료로 넘어가자. 부엌에는 여러 가지 조미료가 놓여 있는데, 그중에서 먼저 소금을 살펴보도록 하자.

소금의 화학식은 NaCl이다. Na와 Cl이라는 원소기호로 표시되는 2개의 원자로 구성되어 있다. Na는 나트륨(소듐) 원자를, Cl은 염소 원자를 나타낸다.

NaCl은 나트륨과 염소가 일대일로 연속하여 규칙적으로 이어진다. 아래 그림은 평면이지만, 이것이 사방팔방으로 배열된 것이 소금의 결정이다. 이 모식도는 극히 일부분을 나타냈을 뿐이다.

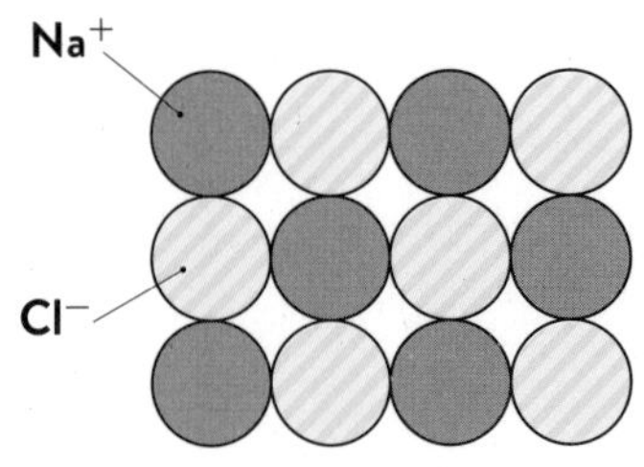

그림을 잘 보면 두 종류의 원에 Na와 Cl이 아니라 Na^+와 Cl^-라고 적혀 있다. 원소기호의 오른쪽 위에 적혀 있는 플러스 기호는 플러스 전기를 띠고 있음을 의미한다. 반대로 마이너스 기호는 마이너스 전기를 띠고 있음을 의미한다. 나트륨은 플러스 전기를, 염소는 마이너스 전기를 띠기 쉬운 성질이 있는 것이다.

플러스나 마이너스 전기를 띠는 것을 이온이라고 부른다. 예를 들어 Na^+는 '나트륨 이온', Cl^-는 '염화 이온'이라고 부른다. 소금 결정은 플러스 전기를 띠고 있는 나트륨과 마이너스 전기를 띠고 있는 염소가 전기적인 힘으로 서로 끌어당김으로써 만들어진 것이다.

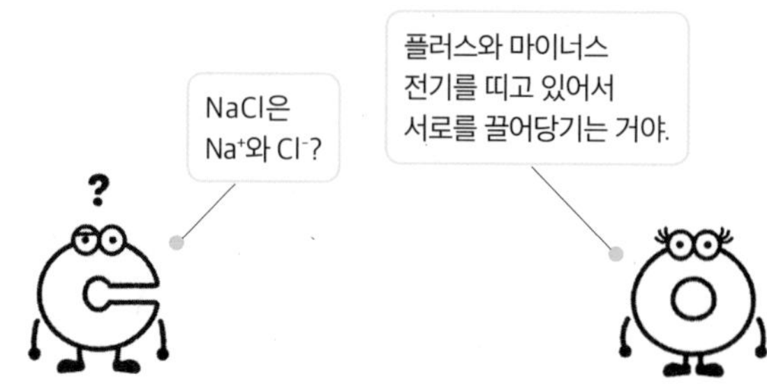

소금의 결정은 아래 그림처럼 깔끔하게 배열되어 있지만, 물속에 집어넣기만 해도 쉽게 흩어져 버린다. 다시 말해 물에 녹는 것이다.

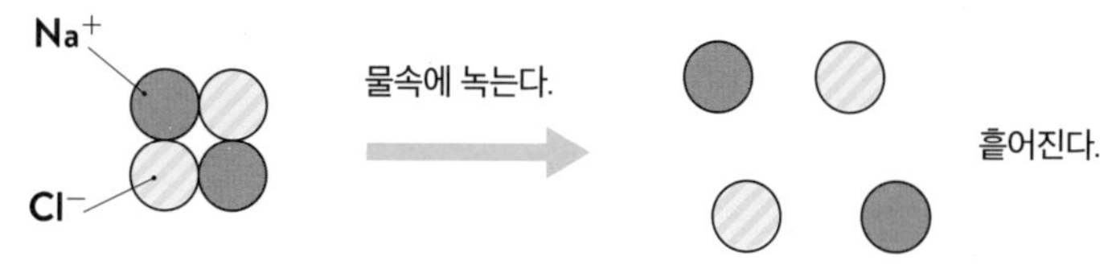

일반적으로 원자와 원자를 떼어 놓는 것은 그렇게 간단한 일이 아니다. H_2의 H, 그리고 O_2의 O를 떼어 놓기 위해서는 태워야 했다(15쪽). 또한 섭취한 CH_3CH_2OH(에탄올)의 원자를 분리시켜서 CH_3CHO로 변환하기 위해서는 효소라는 특별한 분자가 필요했다(29쪽).

그런데 왜 NaCl은 물속에 넣기만 해도 쉽게 분해되어 버리는 것일까?

그 질문에 대답하기 전에 물 분자인 H_2O에 관해 조금 자세히 설명하겠다. H_2O는 이온이 아니지만 전기를 약간 띤다. 이럴 때 화학에서는

'조금'이라는 의미의 δ(델타)를 사용해서 아래와 같이 δ+와 δ−로 표시한다.

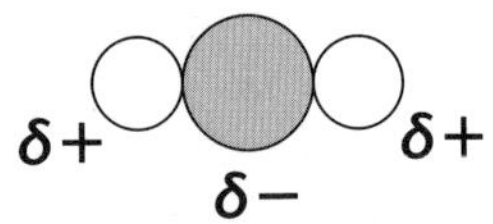

물의 분자 H_2O

보다시피 산소는 마이너스 전기를 띠기 쉬우며, 수소는 플러스 전기를 띠기 쉽다. 참고로 플러스 전기를 띠기 쉬운지 마이너스 전기를 띠기 쉬운지는 원자의 종류에 따라 다르다.

플러스 전기를 띠기 쉬운 원자……수소 H, 나트륨 Na
마이너스 전기를 띠기 쉬운 원자……산소 O, 염소 Cl, 질소 N, 플루오린 F
어느 쪽도 아닌 원자……탄소 C

물 분자의 특징을 알았으니 다시 소금 이야기로 돌아가자.

다음 페이지의 그림은 NaCl을 물에 녹여서 식염수를 만든 것이다. 나트륨 이온(Na^+, 플러스 전기)은 H_2O의 O(δ−)와, 염화 이온(Cl^-, 마이너스 전기)은 H_2O의 H(δ+)와 서로 끌어당긴다. 이 작용으로 NaCl은 무척 쉽게 분해되어 물에 녹는다.

그런데 상품으로 팔리는 소금은 어디에서 얻는 것일까? 소금이 많은 곳이라면 바다다. 바닷물을 증발시켜서 NaCl을 채취하는 것이다. 그런데 이 방법은 사실 NaCl을 물속에 녹이는 것과 정반대의 조작을 의미한다.

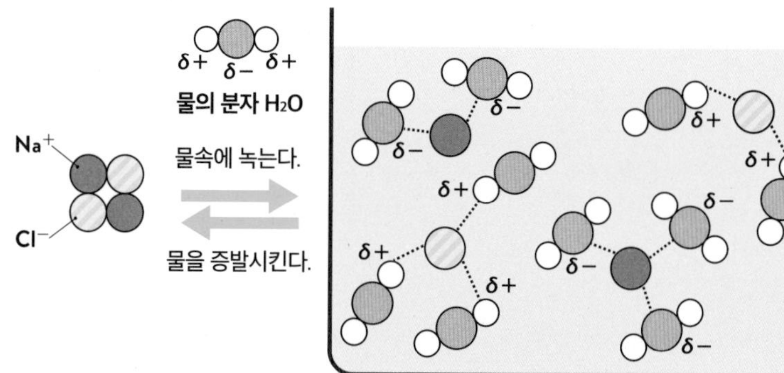

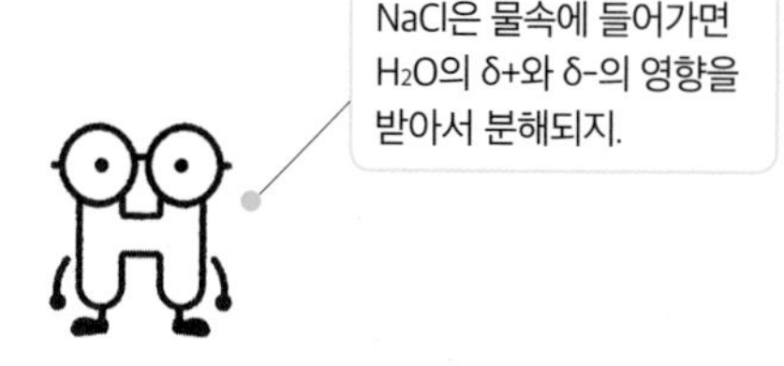

위의 그림에서 바다는 오른쪽에 해당한다. NaCl이 H_2O에 녹은 상태이기 때문이다. 여기에서 H_2O를 증발시키면 그림의 왼쪽처럼 NaCl이 고체로서 모습을 드러낸다. 이렇게 해서 소금을 채취해 상품으로 만드는 것이다.

소금 이야기를 하나 더 하자면, 여러분은 '소금 절임'이라는 말을 들어 보았을 것이다. 생선이나 고기 · 채소 · 매실 등의 식품을 소금에 절여서 보관하는 방법으로, 맛과 장기 보존이 목적이다.

왜 소금에 절이면 식품이 상하지 않고 오래 보존될까? 애초에 식품이 상하는 원인은 식품 속에 들어 있는 미생물이 대량으로 늘어나기 때문이다. 그리고 미생물이 번식하려면, 또 살아가려면 우리와 마찬가지로 물이 필요하다. 장마철 등 습기가 많은 시기에 식품이 잘 상하는 것은 이 때문이다. 따라서 식품에서 수분을 제거하는 것이 장기 보존의 열쇠가 된다. 그리고 소금(NaCl=Na^+와 Cl^-)에는 앞에서 말했듯이 물(H_2O)과 서로 끌어당기는 성질이 있다. 그래서 식품 속에 있는 물을 잘 빨아들여 미생물이 번식하는 것을 막아 주는 것이다.

6 단맛을 내는 설탕($C_{12}H_{22}O_{11}$)의 멋진 분자, 수크로스

그러면 또 다른 조미료인 설탕에 대해 살펴보자. 설탕의 주성분은 우리에게 단맛을 느끼게 해주는 멋진 분자인 수크로스(자당)다. 수크로스의 화학식은 $C_{12}H_{22}O_{11}$이다.

수크로스는 글루코스($C_6H_{12}O_6$)와 프럭토스($C_6H_{12}O_6$)라는 분자가 달라붙은 구조로 되어 있다. 글루코스는 '호흡과 광합성'에서 이미 등장한 바 있다. 반면 프럭토스는 처음 나왔는데, 화학식을 유심히 보면 글루코스와 똑같은 $C_6H_{12}O_6$이다. 화학식은 같은데 이름이 다른 것이다.

대체 어떻게 된 일일까? 사실은 같은 화학식이라도 복잡해질수록 여러 가지 구조를 갖게 되며, 구조가 다르면 다른 분자가 된다.

다음의 그림은 글루코스와 프럭토스의 세부 구조다. 지금까지와 같이 원을 사용하지 않고 원소기호, 그리고 원자와 원자를 연결하는 선으로 나타냈다. 이것을 보면 매우 복잡한 구조임을 알 수 있을 것이다.

글루코스 $C_6H_{12}O_6$
C×5, O×1을 사용해서 고리를 만든다.

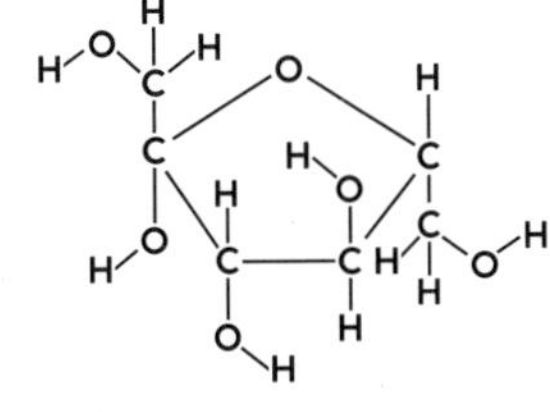

프럭토스 $C_6H_{12}O_6$
C×4, O×1을 사용해서 고리를 만든다.

매우 어렵게 느껴지겠지만, 글루코스와 프럭토스의 구조에서 크게 다른 점은 육각형이냐, 오각형이냐는 것이다. 글루코스는 $C_6H_{12}O_6$에서 C를 5개, O를 1개 사용해 고리를 만든다. 한편 프럭토스는 $C_6H_{12}O_6$에서 C를 4개, O를 1개 사용해 고리를 만든다. 또한 공통된 특징도 있다(이 특징이 중요하다!). 그것은 이 두 분자가 산소 O와 수소 H가 붙은 부분을 많이 갖고 있다는 것이다.

다음 페이지의 그림에서 색이 칠해진 부분을 살펴보자. 이 부분을 수산기(하이드록시기)라고 부른다. 수산기는 매우 중요하니 꼭 기억해 두기 바란다.

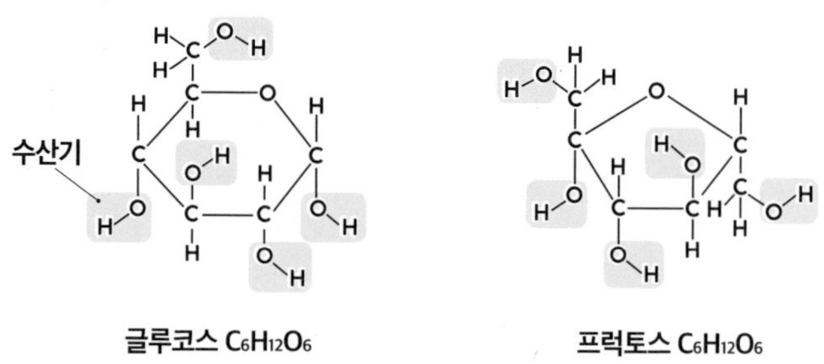

이처럼 같은 화학식 $C_6H_{12}O_6$로 나타내는 분자이기는 하지만 상세한 구조는 다른 것이다.

지금부터는 이 고리의 특징을 반영해서 글루코스와 프럭토스를 다음의 모식도로 나타내 보고자 한다. 글루코스는 육각형, 프럭토스는 오각형이며, 각각 글루코스(Glucose)의 G, 프럭토스(Fructose)의 F를 적어 넣었다.

특징적인 부분인 수산기도 2개의 원을 사용해 1개만 그렸다.

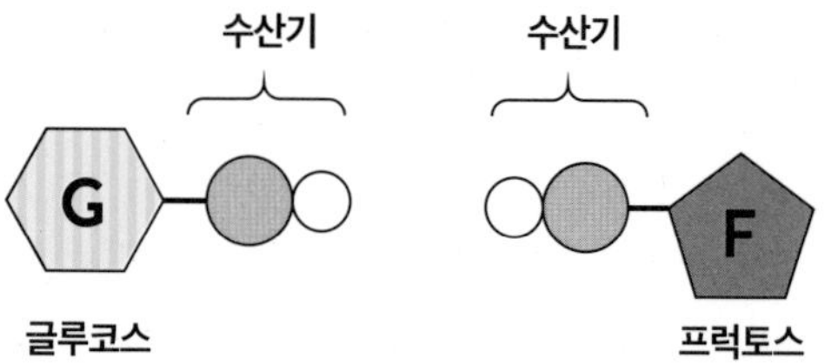

자세히 살펴보면 이 수산기는 이미 몇 차례 등장한 물 분자(H_2O)와 닮았다. 그래서 수산기는 물의 성질과 유사한 측면이 있다. 이 점은 뒤에서 중요한 포인트가 되므로(44쪽) 잘 기억해 두기 바란다.

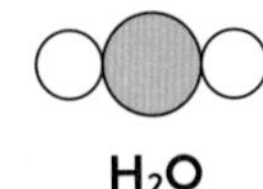

그러면 다시 설탕의 이야기로 돌아가자.

이미 이야기했듯이 설탕의 주성분인 수크로스는 글루코스와 프럭토스가 붙어 있는 구조를 가진 분자다. 글루코스의 수산기와 프럭토스의 수산기에서 수소 원자 2개와 산소 원자 1개, 즉 물(H_2O)을 제거한 다음 두 분자를 붙여 보자.

이렇게 해서 결합된 분자가 수크로스다. 계산해 보면 $C_{12}H_{22}O_{11}$(수크로스)에서 C의 12는 6×2=12, H의 22는 12×2=24에서 물 분자의 H를 2개 빼 24−2=22, O의 11은 6×2=12에서 물 분자의 O를 1개 빼 12−1=11이므로 정확히 맞아떨어짐을 알 수 있다.

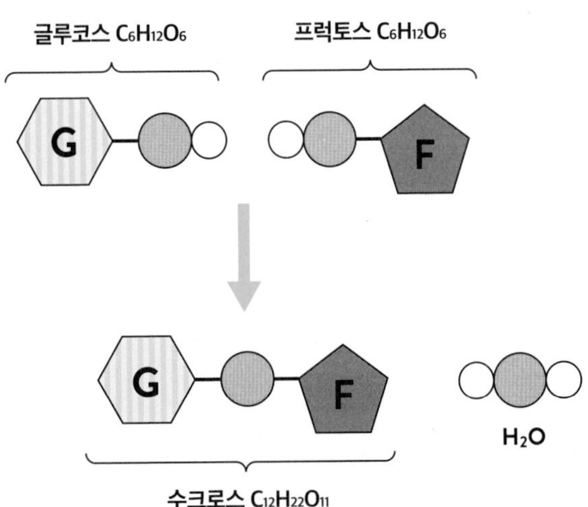

참고로 수크로스를 모식도가 아닌 상세도를 그리면 아래와 같다. 한눈에 봐도 복잡한 구조임을 알 수 있다.

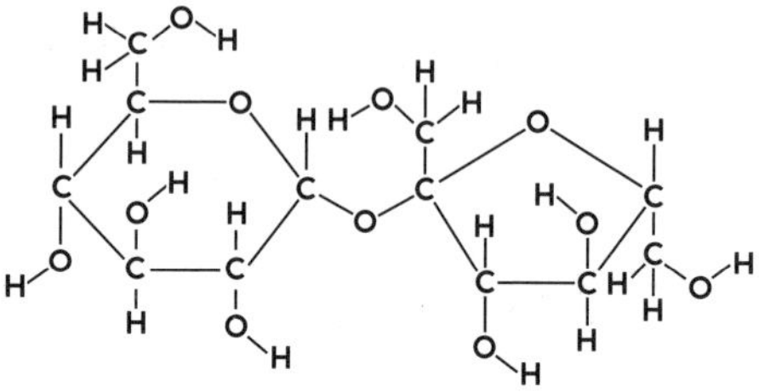

수크로스 $C_{12}H_{22}O_{11}$

그런데 앞에서 "소금은 바다에서 얻는다"라는 이야기를 했다. 그렇다면 설탕(수크로스)은 어디에서 얻는 것일까?

그 답은 바로 식물에서다. 식물이 광합성을 통해서 글루코스를 만든다는 것은 이미 설명했는데, 사실은 수크로스도 만든다. 사탕수수와 사탕무는 광합성 능력이 뛰어나서 수크로스를 잔뜩 만들 수 있다. 그래서 이 두 식물이 설탕의 대표적인 원료가 되고 있다.

우리가 설탕을 먹으면 그 주된 성분인 수크로스를 장에 있는 수크레이스라는 효소가 글루코스와 프럭토스로 분해한다. 이때도 몸속에 있는 효소가 화학 반응을 일으키는 것이다.

화학 반응식으로 나타내면 아래와 같다.

$$\underset{\text{수크로스}}{C_{12}H_{22}O_{11}} + H_2O \xrightarrow{\text{수크레이스}} \underset{\text{글루코스}}{C_6H_{12}O_6} + \underset{\text{프럭토스}}{C_6H_{12}O_6}$$

글루코스($C_6H_{12}O_6$)는 앞에서 이야기했듯이 호흡에 사용되어 에너지를 만들어내는 근원이 된다(23쪽). 이것을 보면 설탕이 우리에게 중요한 에너지원임을 알 수 있다.

7 설탕이 물에 잘 녹는 이유 ✦조금 더 자세히!✦

소금에 관해 설명할 때 '소금 절임' 이야기를 했는데, 여러분은 '설탕 절임'도 있다는 것을 알고 있는가? 설탕의 주성분인 수크로스도 소금과 마찬가지로 물을 잘 빨아들인다. 그래서 역시 미생물의 번식을 막을 수 어 식품의 장기 보존에 도움이 된다.

설탕과 소금은 화학식이 전혀 다르지만 물을 잘 빨아들인다는 매우 비슷한 성질이 있다. 그런데 이것은 곰곰이 생각해 보면 지극히 당연한 일이다. 설탕도 소금과 마찬가지로 물에 쉽게 녹기 때문이다. 그렇다면 NaCl이 그랬듯이 수크로스($C_{12}H_{22}O_{11}$)도 H_2O와 어떤 힘을 통해서 서로 끌어당김을 예상할 수 있다.

소금의 경우는 소금의 결정 NaCl이 H_2O와 전기적으로 서로 끌어당겨서 분해됨으로써 녹는 것이었다(Na^+와 Cl^-, 37쪽). 한편 설탕의 경우는 수크로스($C_{12}H_{22}O_{11}$) 자체가 분해되지도 않고 이온화되지도 않는다. 그럼에도 수크로스가 물에 잘 녹는 이유는 이 분자가 지닌 수산기 때문이다. 앞에서 수산기가 물과 유사한 측면이 있는 것이 중요한 포인트라고 이야기한 이유가 바로 이것이다.

잠시 물 분자의 이야기로 돌아가자. 산소 O는 마이너스 전기를 띠기 쉬우며, 수소 H는 플러스 전기를 띠기 쉽다고 설명했다. 아래의 그림처럼 수소 H는 δ+로, 산소 O는 δ−로 대전한다. 여기에서 δ는 '조금'이라는 의미였다. 그리고 물 분자와 마찬가지로 수산기도 전기를 조금 띠고 있기 때문에 둘의 성질이 비슷함을 짐작할 수 있다.

이번에는 수크로스의 모식도를 보면서 생각해 보자. 42쪽에 있는 수크로스의 세부구조를 보면 수산기를 많이 갖고 있음을 알 수 있다. 그리고 다음의 그림은 어수선해 보이지만 수크로스에서 모든 수산기를 표시한 것이다. 설탕이 물에 녹으면 수크로스가 가진 수산기와 주위에 존재하는 물의 플러스(δ+) · 마이너스(δ−)가 서로 끌어당긴다. 수크로스는 수산기를 모두 합쳐 8개나 갖고 있기 때문에 물의 분자와 서로 잘 끌어당긴다.

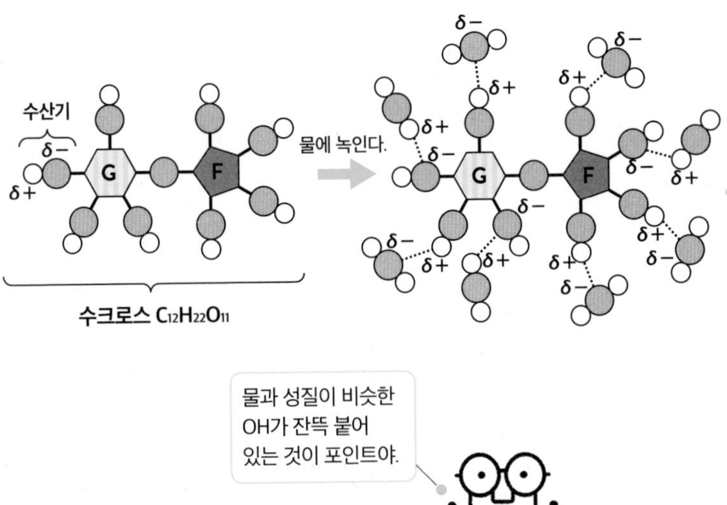

설탕을 물에 넣으면 이 작용 때문에 물에 쉽게 녹는 것이다.

그 모습을 매우 단순한 모식도로 나타내 보자. 먼저 수크로스를 아래와 같이 표시한다.

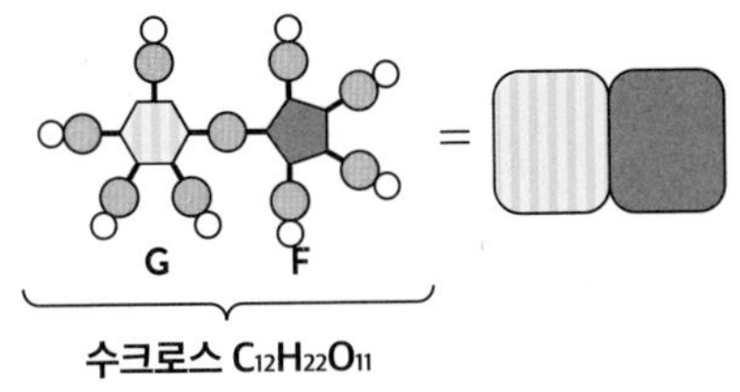

다음 페이지 그림의 왼쪽은 수크로스의 분자가 모인 것, 즉 설탕이다. 설탕이 물에 들어가면 앞에서 설명한 대로 수산기와 물이 서로 끌어당기기 때문에 모여 있던 수크로스들이 흩어진다. 요컨대 설탕이 물에 녹는 것이다.

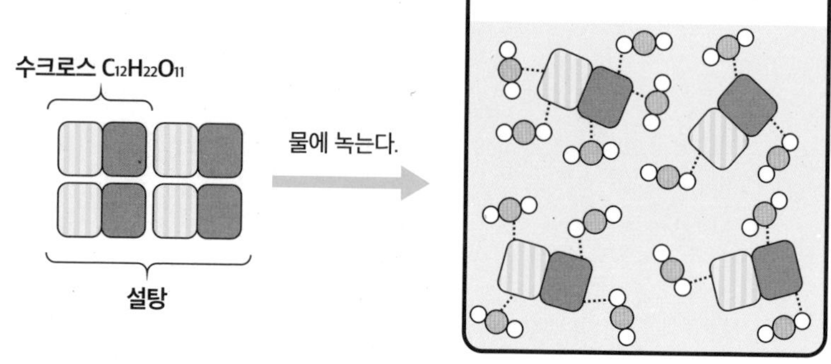

8 소금 맛은 어떻게 느끼는 것일까? ✦조금 더 자세히!✦

지금까지 소금과 설탕에 관해서 이야기했다. 소금과 설탕은 먼 옛날부터 사용되었으며 공통점이 많다.

먼저 소금은 바다, 설탕은 식물이라는 자연에서 얻을 수 있다. 또한 소금과 설탕 모두 물에 잘 녹는다. 게다가 수분을 제거하는 효과가 있어 식품 보존에도 이용되어 왔다. 이처럼 공통점이 많지만, 결정적으로 다른 점이 있다. 그것은 단연 '맛'이다! 모두가 알다시피 소금은 짠맛이 나는 조미료, 설탕은 달콤한 맛이 나는 조미료다.

그런데 우리는 혀의 세포를 통해서 뇌에 정보가 전달되어 맛을 느낀다.

그렇다면 세포란 무엇일까?

사람의 몸은 많은 세포로 이루어져 있다. 세포는 지금까지 다뤘던 분자보다 크기가 훨씬 크다. 지금까지 몇 차례 등장한 효소보다도 크다. 구체적인 숫자로 비교해 보자. 가령 수소 원자의 크기는 약 0.1나노미터, 물 분자의 크기는 약 0.4나노미터다. 참고로 1나노미터(nm)는 1밀리미터(mm)의 100만 분의 1이다.

그렇다면 효소의 크기는 얼마나 될까? 물론 종류에 따라 크기가 다르지만, 최초로 구조가 밝혀졌던 라이소자임이라는 효소는 지름이 약 4나노미터다. 이것은 가장 단순한 효소 중 하나로 알려져 있다.

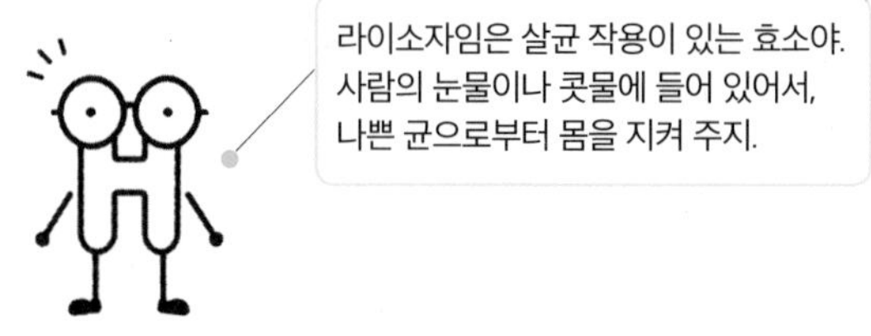

한편 질병을 일으키는 주요 원인으로 손꼽히는 바이러스는 크기가 얼마나 될까? 이것도 종류에 따라 크기가 다르지만, 대체로 100나노미터 안팎이다. 그에 비해서 인간의 세포는 대부분이 1만~10만 나노미터[10~100마이크로미터(㎛), 1마이크로미터는 1,000나노미터]로, 효소나 바이러스와 비교하면 굉장히 크다. 밀리미터(㎜)로 환산하면 0.01~0.1밀리미터가 된다.

물론 효소나 바이러스에 비하면 크다고 할 수 있지만 우리가 일상적으로 사용하는 자의 최소 단위인 1밀리미터에도 미치지 못하는 크기다.

세포를 영어로 'cell'이라고 하는데, 이것은 본래 작은 방이라는 의미다. 종류가 다양하며, 그 이름처럼 방과 같은 모양을 한 것도 있고 그렇지 않은 것도 있으며, 역할도 다양하다. 인간의 몸은 이런 세포가 약 37조 개(!)나 모여서 만들어진 것이라고 한다.

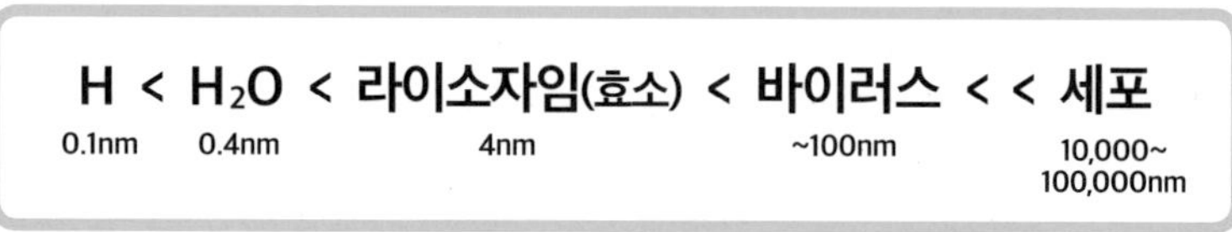

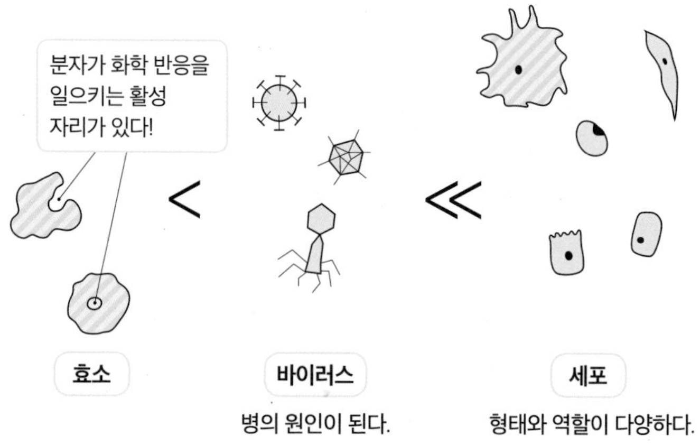

최근 연구에서 미각을 전달하는 세포에는 몇 가지 종류가 있음을 알게 되었다. 설탕은 II형 세포라고 불리는 세포에, 소금은 III형 세포라고 불리는 세포에 작용한다는 사실이 밝혀졌다. I형 세포도 존재하지만, 맛을 뇌에 전달하는 기능은 현시점에서 발견되지 않았다고 한다.

아래 그림에서 보듯이 설탕은 수크로스가 II형 세포에 달라붙을 때, 소금은 나트륨 이온(Na^+)이 III형 세포에 들어갈 때, 그것이 신호가 되어서 전기 신호나 화학 물질을 통해 미각을 관장하는 신경(미각 신경)에 그 정보가 전해진다. 그 정보가 뇌에 전달되어서 '짜다' 혹은 '달다'라는 맛을 느끼는 것이다.

또한 수크로스가 세포에 달라붙는 위치는 특정되어 있다. 분자가 달라붙는 이런 위치를 수용체라고 부른다. 이 용어는 앞으로도 계속 등장하므로 기억해 두기 바란다. Na^+가 통과하는 지점도 특정되어 있다.

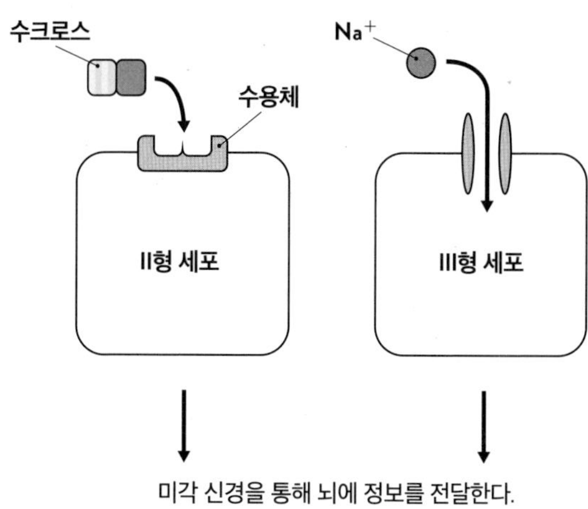

참고로 자세한 것은 밝혀지지 않았지만 NaCl의 염화 이온(Cl^-)도 세포의 어딘가에 작용하는 것으로 생각된다.

9 찹쌀과 멥쌀은 화학식이 동일한데 왜 식감이 다를까?

다음에 살펴볼 것은 쌀이다. 많은 사람이 매일 쌀로 다양한 음식을 만들어 먹는다. 이처럼 매우 중요한 식재료인 쌀에는 어떤 성분이 들어 있을까?

쌀은 주된 성분은 전분이다. 전분도 물론 분자이므로, 이 분자를 통해 쌀을 화학적으로 살펴보자.

전분은 아래 화학식으로 나타낼 수 있다.

$$(C_6H_{10}O_5)_n$$

지금까지의 화학식과 달리 괄호로 묶이고 오른쪽 아래에 작게 n이라고 적혀 있다. n은 '어떤 수'를 나타낸다. 가령 n이 3이라면 $C_6H_{10}O_5$라는 구조가 3개 연결되어 있음을 의미한다. 요컨대 $C_6H_{10}O_5$라는 구조가 반복적으로 연결되어 있다는 말이다. $(C_6H_{10}O_5)_n$의 n은 200에서 300에 이르기도 한다.

이미 몇 차례 등장한 글루코스가 반복적으로 연결되면 전분 $(C_6H_{10}O_5)_n$이 되는데, 모식도로 나타내면 다음과 같다. 글루코스의 수산기는 생략하지 않고 전부 그렸다. 참고로 수크로스($C_{12}H_{22}O_{11}$)는 글루코스($C_6H_{12}O_6$)에서 물(H_2O)이 제거된 상태로 연결된 구조를 지닌 분자였다(41쪽). 이때와 비슷하므로 기억을 떠올리면 좋을 것이다.

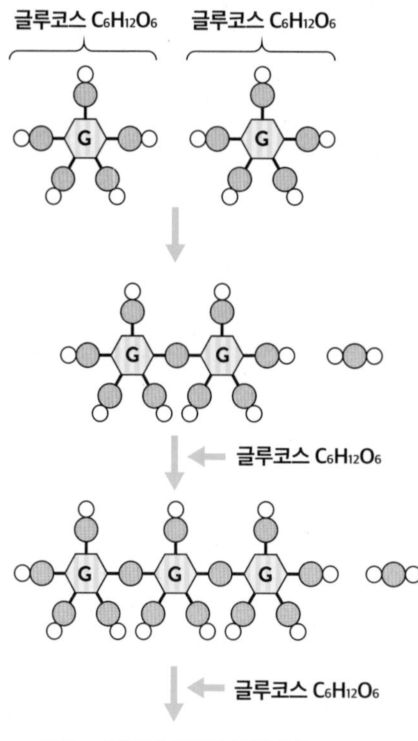

이렇게 글루코스가 2~3개 연결되어서 최종적으로 200~300개가 연결되는 것이다. 이처럼 어떤 분자가 반복적으로 연결된 분자를 고분자라고 부른다. 그리고 전분을 간단한 모식도로 나타내면 아래와 같다.

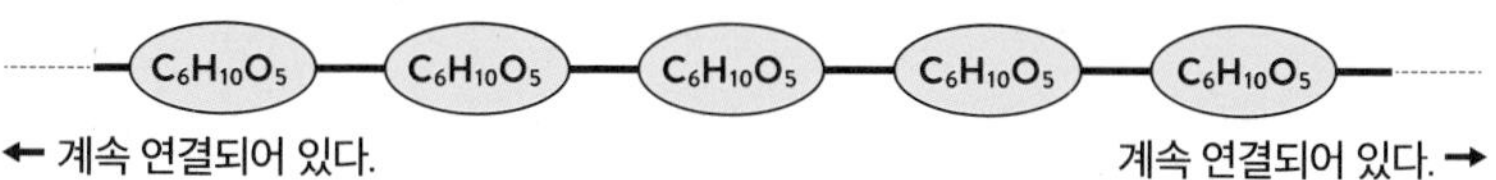

글루코스($C_6H_{12}O_6$)가 하나 연결될 때마다 H_2O가 하나씩 제거되므로, $C_6H_{10}O_5$라는 구조가 반복적으로 연결된 구조가 된다. 곰곰이 생각해 보면 양쪽 끝에 H와 OH가 남아 있을 터이지만, 생략하고 표기하는 경우가 많다. 이렇게 해서 처음에 나왔던 화학식$(C_6H_{10}O_5)_n$이 되었다. 또한 실제로는 아래의 그림처럼 일정 간격으로 회전을 한다.

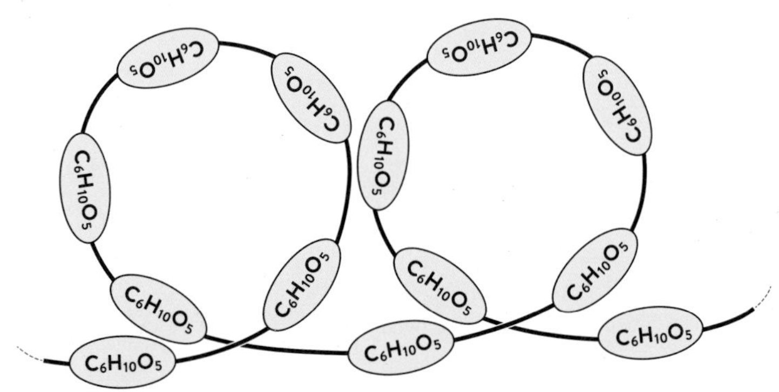

그렇다면 같은 쌀이지만 식감이 완전히 다른 찹쌀의 구조는 어떨까? 쌀보다 식감이 더 쫀득쫀득해 쌀과 같은 분자로 구성되어 있다는 생각은 들지 않는다.

찹쌀의 화학식은 아래와 같다.

$$(C_6H_{10}O_5)_n$$

찹쌀도 멥쌀(일반적인 쌀)과 똑같이 전분$(C_6H_{10}O_5)_n$으로 구성되어 있다. 그렇다면 화학식이 같은데 왜 식감에 차이가 있는 것일까? 그 차이를 살펴보자.

사실 전분은 화학의 세계에서는 아밀로스와 아밀로펙틴이라는 두 가지 고분자로 분류된다. 앞에서 자세히 설명한 전분은 아밀로스다. 그렇다면 역시 같은 화학식$(C_6H_{10}O_5)_n$으로 표현되는 아밀로펙틴은 어떤 분자일까? 화학식이 아니라 구조에 주목하면서 생각해 보자.

아밀로스는 글루코스가 직선으로 연결되어 있는 고분자였다. 한편 아밀로펙틴은 글루코스가 일부 분기되면서 연결되어 있다.

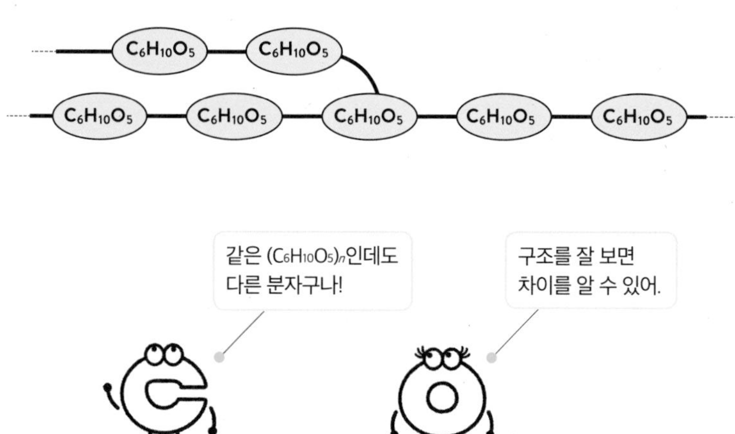

아밀로펙틴의 분기에 관해 조금 더 자세히 살펴보자. 다음 페이지의 그림은 글루코스가 3개 연결된 분자다. 역시 수산기는 생략했다. 분기점에서는 지금까지와 다른 위치의 수산기가 글루코스와 연결되어 있다.

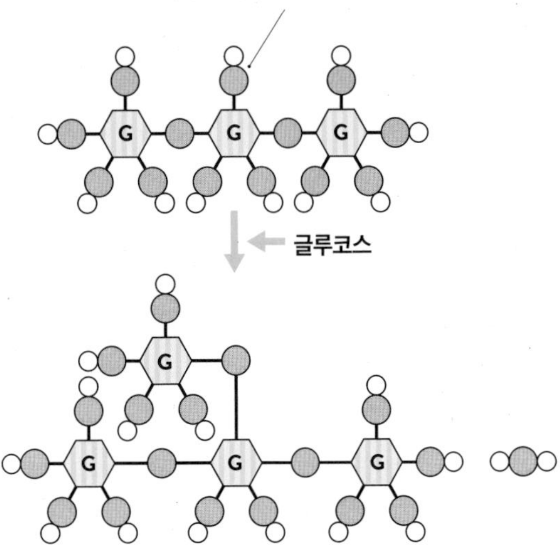

글루코스가 이따금 분기되면서 2,000개에서 3,000개나 연결되어 있는 분자가 아밀로펙틴$(C_6H_{10}O_5)_n$인 것이다(n=2,000~3,000).

아래의 그림은 아밀로펙틴을 조금 멀리서 본 그림이다. 화살표가 가리키는 위치에서 분기가 되었음을 알 수 있다.

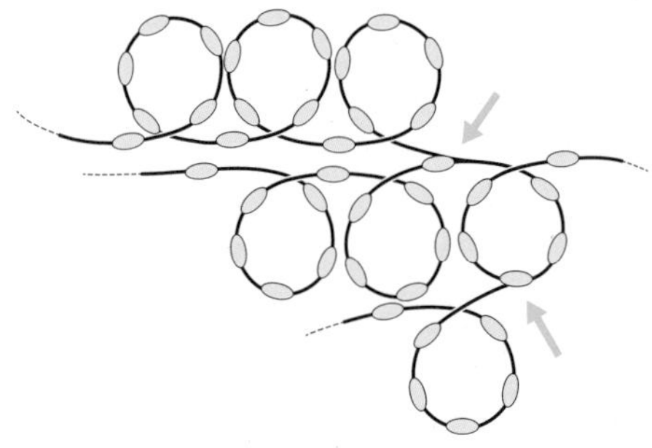

멥쌀이냐 찹쌀이냐는 아밀로스와 아밀로펙틴이 들어 있는 비율에 따라 결정된다. 멥쌀 속의 전분에는 아밀로스가 20~25퍼센트 정도 들어

있으며, 아밀로펙틴도 75~80퍼센트 들어 있다. 한편 찹쌀 속에 들어 있는 전분은 아밀로펙틴이 거의 100퍼센트다. 신기하게도 분자의 연결 방식 비율이 다를 뿐인데 식감이 크게 달라지는 것이다.

지금까지 글루코스가 연결되어서 아밀로스와 아밀로펙틴이 만들어지는 방식에 대해 설명했다. 실제 생명체(벼 등의 식물)에서는 효소나 다른 분자도 관여하기 때문에 조금 더 복잡하다. 그래서 이 책에서는 최대한 간단하게 설명했다. 앞에서 이야기한 사탕수수 등의 식물의 내부에서 만들어지는 수크로스(글루코스+프럭토스)도 마찬가지다.

10 고리 형태의 분자 사이클로덱스트린 ✦조금 더 자세히!✦

이번에는 전분에서 만들어지는 독특한 분자를 소개하고자 한다. 어렵지만 재미있으니 건너뛰지 말고 꼭 읽어 보기 바란다!

전분, 즉 $(C_6H_{10}O_5)_n$에 사이클로덱스트린 생성 효소라는 효소를 작용시키면 글루코스가 6~8개 연결되어서 고리를 형성한 분자가 생겨난다. 이것들은 사이클로덱스트린이라고 부르는 분자로, 글루코스의 개수에 따라 이름이 다르다. 글루코스 6개가 고리를 형성한 분자는 α(알파)-사이클로덱스트린($C_{36}H_{60}O_{30}$), 7개가 고리를 형성한 분자는 β(베타)-사이클로덱스트린($C_{42}H_{70}O_{35}$), 8개가 고리를 형성한 분자는 γ(감마)-사이클로덱스트린($C_{48}H_{80}O_{40}$)이다.

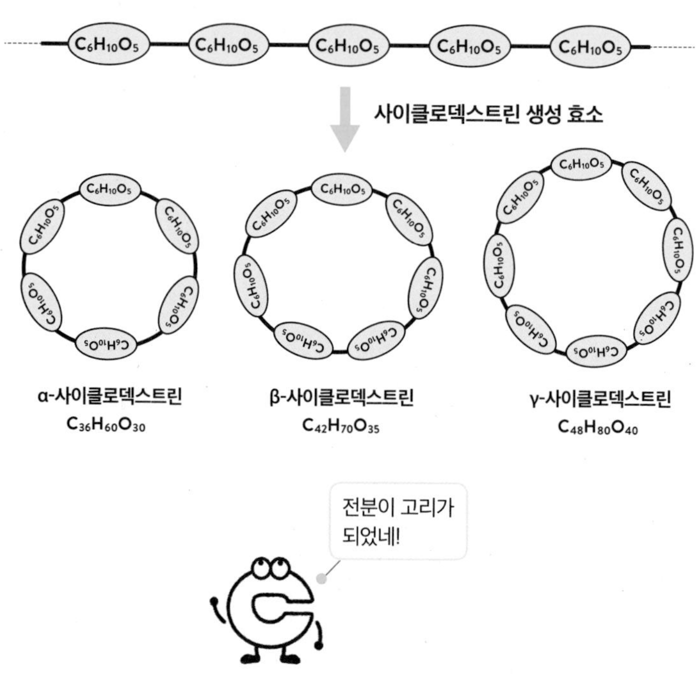

사이클로덱스트린은 옥수수에 들어 있는 전분에 사이클로덱스트린 생성 효소를 사용하는 방법을 통해 공업적으로 생산되고 있다. 이 분자들의 특징은 그 생김새에서 알 수 있듯이 고리 형태라는 것이다. 글루코스와 프럭토스도 각각 육각형과 오각형의 구조를 지니고 있는데, 이 분자들은 커다란 고리를 이루는 게 특징이다. 이 고리는 안쪽의 빈 공간에 분자를 수용한다는 재미있는 성질도 지니고 있다.

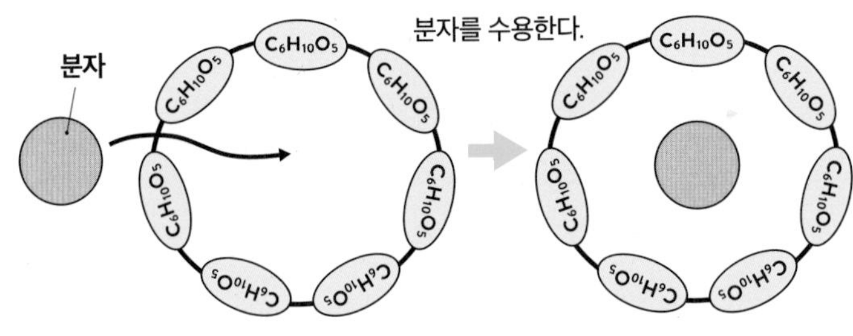

단순히 수용하기만 하는 것이 아니다. 수용한 분자를 서서히 방출한다는 특징도 있다.

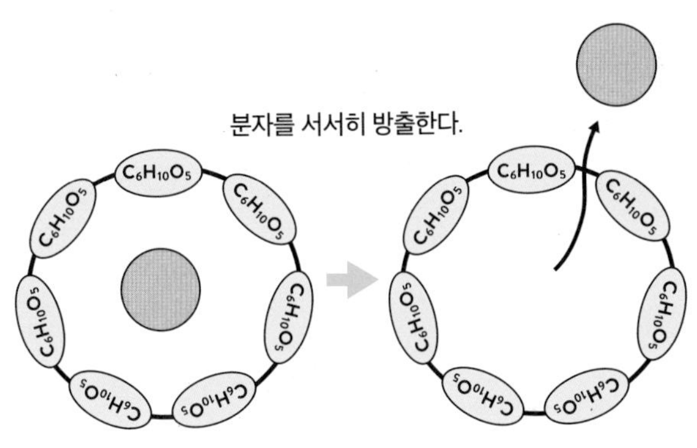

이 독특한 특성은 다양한 용도로 사용된다. 그 일례가 액체를 안개 형태로 분사하는 가정용 소취방향제다. 이 액체 속에는 사이클로덱스트린이 들어 있는 경우가 있다. 정확히 말하면, β-사이클로덱스트린을 화학반응으로 약간 변화시킨 메틸화 β-사이클로덱스트린이라는 분자를 사용한다. 물론 고리 형태의 구조는 그대로다.

상품의 성분명에는 '환상(環狀) 올리고당'이라고 적혀 있어.

탈취방향제는 거슬리는 냄새를 없애고[탈취] 좋은 향기를 퍼트리는데 [방향], 우리는 어떻게 그런 냄새나 향기를 느끼는 것일까?

사실은 우리가 거슬리는 냄새나 좋은 향기를 느끼는 것도 분자와 관계가 있다. 좋은 향기가 나는 분자나 거슬리는 냄새가 나는 분자는 기체 상태로 존재하며, 공기 속을 떠다니는 그런 분자들이 우리의 코를 통해서 향기나 냄새로서 전해진다. 냄새를 느끼게 하는 분자가 콧속 세포에 있는 수용체(분자가 달라붙는 장소)에 달라붙으면 화학 물질이나 전기 신호를 거쳐서 후각을 관장하는 신경에 정보가 전달된다. 이때 후각을 관장하는 세포는 후신경이라고 불린다.

우리에게 냄새를 느끼게 하는 분자는 여러 종류가 있으며, 그 분자들이 달라붙는 수용체도 여러 종류가 있다. 인간에게 있는 약 400종류에 이르는 수용체를 통해 냄새를 느끼는 것이다.

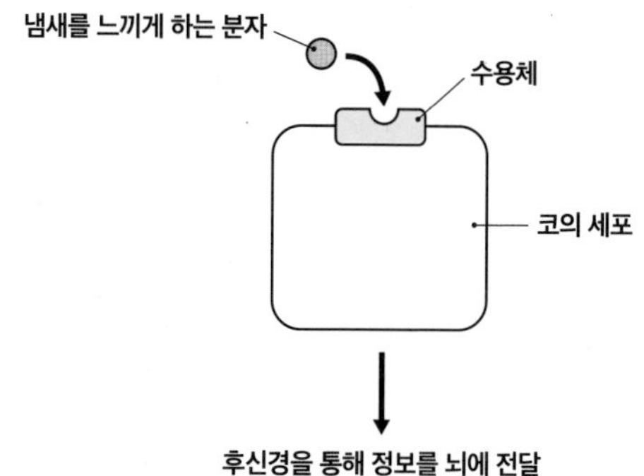

다시 탈취방향제의 이야기로 돌아가자. 미리 사이클로덱스트린에 좋은 향기가 나는 분자를 수용해 놓는다. 그리고 그 분자를 서서히 방출하는 동시에 불쾌한 냄새가 나는 분자를 수용해 나간다. 이렇게 해서 좋은 향기를 내는 동시에 불쾌한 냄새를 제거함으로써 탈취방향제의 역할을 하는 것이다.

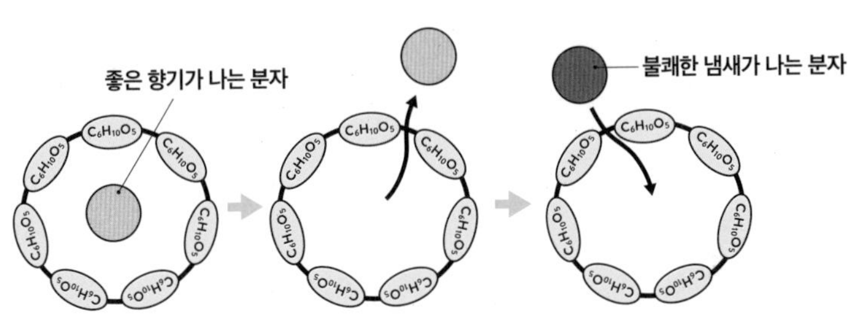

사이클로덱스트린에 수용할 수 있는 것은 불쾌한 냄새가 나는 분자만이 아니다. 맛의 분자도 수용할 수 있다. 우리가 맛을 느끼는 것도 분자의 작용 덕분이다(49쪽). 사이클로덱스트린이 맛을 느끼게 하는 분자를 수용하면 우리에게 어떤 좋은 일이 있을까? 가령 사이클로덱스트린은 차의 쓴맛이나 떫은맛을 느끼게 하는 분자를 수용할 수 있다. 차의 쓴맛이나 떫은맛은 카테킨이라는 분자와 관계가 있는데, 카테킨은 체지방을 줄이는 효과가 있다. 다만 실제로 체지방을 줄일 수 있을 정도의 효과를 얻으려면 카테킨을 상당량 섭취해야 한다. 그런 까닭에 카테킨이 많이 들어 있는 차가 건강식품으로 팔리고 있지만, 차에 함유된 카테킨의 농도가 높으면 쓴맛이나 떫은맛이 너무 강해져 마시기가 거북해진다.

그래서 사이클로덱스트린을 차 속에 미리 넣어 둔다. 사이클로덱스트린이 카테킨을 수용함으로써 쓴맛이나 떫은맛을 억제해 쉽게 마실 수 있게 하는 것이다.

11 왜 기름은 액체이고, 지방은 고체일까?

잠시 이야기가 샛길로 빠졌는데, 다시 부엌으로 돌아가자. 이번에는 요리에 없어서는 안 될 기름에 관해 화학의 관점에서 생각해 보자.

기름이라고 하면 식용유처럼 액체인 것을 떠올리는 사람이 많을 것이다. 한편 기름기가 많은 음식으로는 고기의 비계나 버터 등이 있는데, 이것들은 고체다. 화학의 세계에서는 액체인 것을 기름, 고체인 것을 지방으로 구분하며, 이 두 가지를 합쳐서 유지(油脂)라고 부른다.

그렇다면 유지는 어떤 구조일까? 유지에는 다양한 구조를 가진 분자가 포함되어 있다. 다음의 그림은 유지의 구조를 나타낸 것이다.

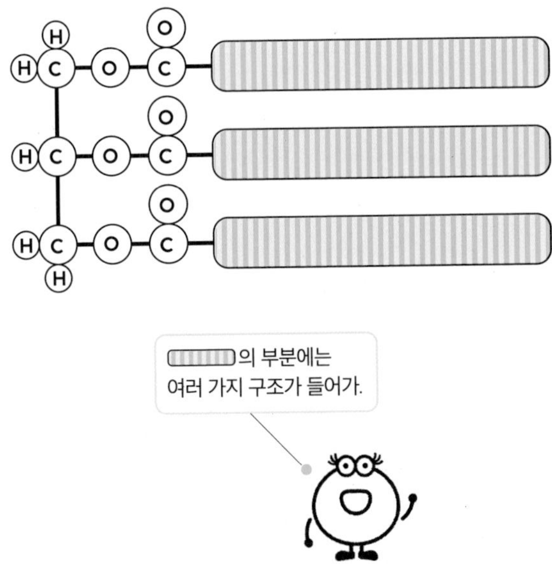

왼쪽부터 수소 원자를 나타내는 H라고 적힌 원이 5개, 탄소를 나타내는 C가 3개, 그리고 산소를 나타내는 O가 3개 있다. 한가운데에는 탄소 C와 산소 O가 각각 3개 있다. 이 부분들이 유지의 공통된 구조다.

오른쪽에는 모식도로 표시한 길쭉한 부분이 있는데, 이 부분에는 다양한 구조가 들어간다. 다음 페이지 그림에는 네 가지의 구조가 나와 있다. 이번에는 원자를 원으로 나타내지 않고 원소기호, 그리고 원자와 원자를 연결하는 선만으로 나타냈다.

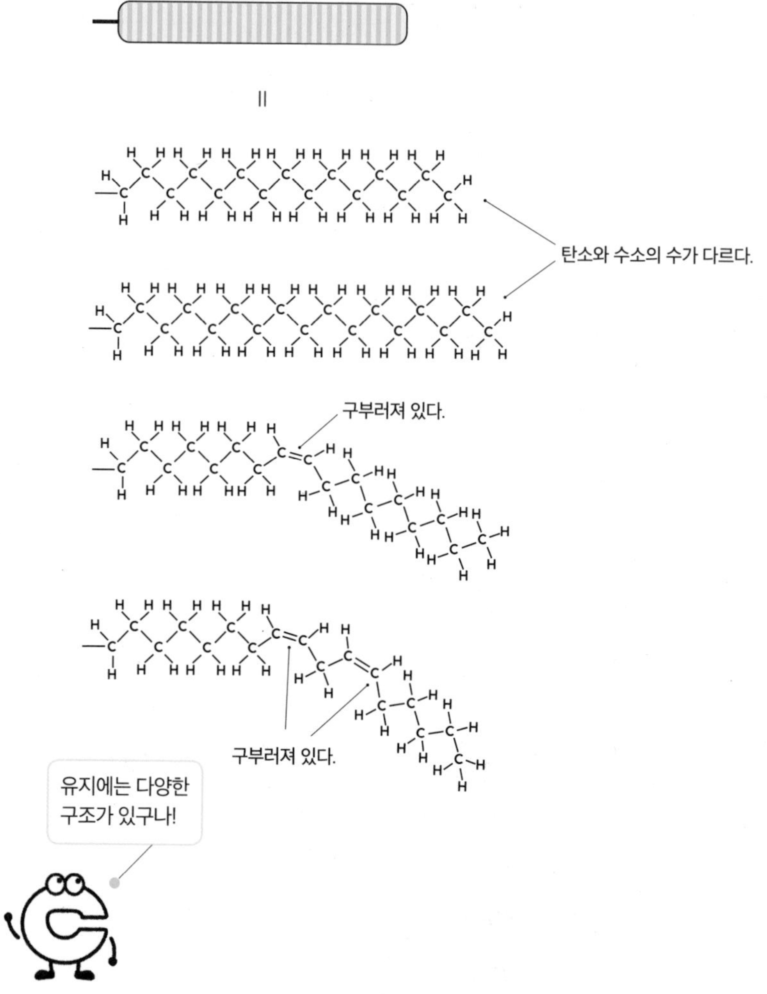

그림에서 보듯이 탄소 C가 잔뜩 연결되어 있다. 또한 각 탄소는 수소 H와 연결되어 있다. 그리고 자세히 들여다보면 네 가지 구조가 각각 미묘하게 다름을 알 수 있다. 탄소 또는 수소의 수가 다르다거나, 탄소와 탄소를 연결하는 선의 개수가 2개라든가 등등. 그뿐만이 아니다. 조금 더 주의 깊게 살펴보면 탄소와 탄소가 2개의 선으로 연결된 부분은 구부러진 구조라는 것을 알 수 있다. 이와 같이 2개의 선으로 견고하게 연결된 부분은 각도가 고정되어서 강제로 구부러진 구조가 되어버린다.

유지의 구조는 이 네 가지 외에도 많다. 유지는 이런 구조들이 다양한 조합으로 달라붙어 있으며, 그 비율에 따라 성질이나 실제 모습이 달라진다. 가령 유지가 고체(지방)인가 액체(기름)인가는 이 비율에 따라서 결정되는 경향이 있다.

그렇다면 유지가 고체인가 액체인가는 구체적으로 어떻게 결정될까? 이것을 설명하기 전에 먼저 유지의 분자를 다음과 같이 단순하게 그려보자. 탄소, 수소, 산소를 원으로 표시했던 부분을 한꺼번에 묶어서 사각형으로 표시했다. 그리고 분자 전체를 선으로 묶어 놓았다. 이것을 A라고 하자.

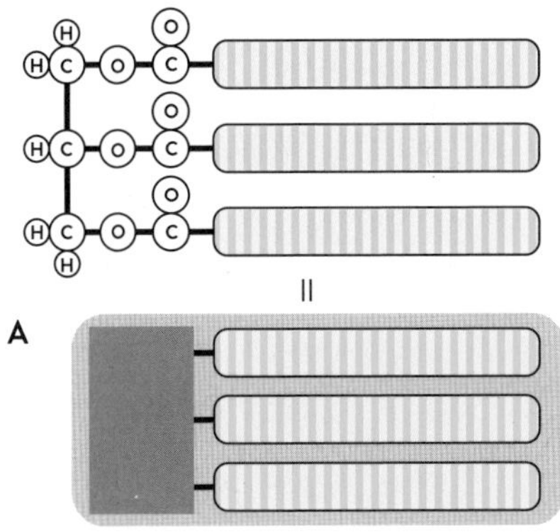

또한 구부러진 구조를 가진 유형의 경우는 다음과 같이 표시했다.

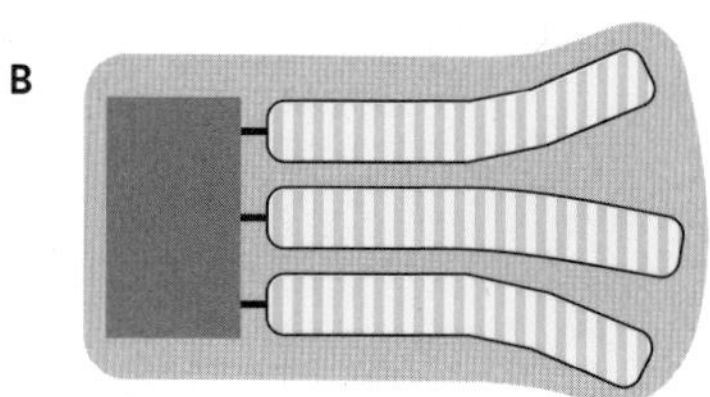

이번에도 구조 전체를 선으로 묶어 놓았다. 이렇게 묶으면 구부러진 구조 부분이 불룩하게 튀어나옴을 알 수 있다. 이것을 B라고 하자.

가령 A 유형의 유지만 있는 경우는 분자끼리 촘촘하게 모이기가 용이하다. 아래의 그림은 전부 A의 구조를 가진 유지를 그린 것이다. 보다시피 촘촘하게 모이기가 용이한데, 이런 경우 유지는 고체가 될 가능성이 크다.

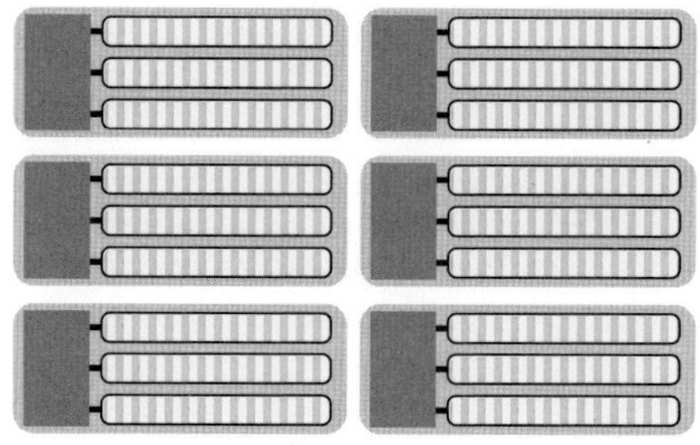

한편 B 유형, 즉 구부러진 구조를 많이 가진 경우는 분자끼리 밀집하기가 어려워진다. 다음 그림은 전부 B 유형의 유지를 그린 것이다. 형태가 일그러져 있어서 잘 밀집되지 않음을 알 수 있다. 이런 경우 분자가 움직이기 쉬워져 고체로 굳지 않고 액체로 존재하는 경향이 있다.

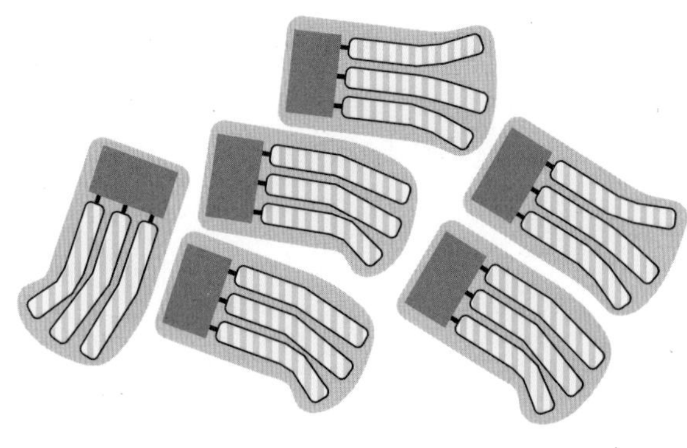

참고로 액체 상태의 유지는 대부분이 식물에서 유래한 것이다. 식물성 식용유로는 카놀라유, 대두유, 해바라기유 등이 있다. 한편 고체 상태의 유지는 대부분이 동물에서 유래한 것으로, 고기의 비계나 버터 등이다.

이와 같이 유지의 구조가 A 유형이냐 B 유형이냐에 따라 고체인가 액체인가가 결정된다. 앞의 두 그림에서는 전부가 곧은 구조인 경우와 전부가 구부러진 구조인 경우였지만, 실제로는 곧은 구조와 구부러진 구조가 뒤섞여 있다. 그래서 유지 속에 곧은 구조와 구부러진 구조가 각각 어느 정도 들어 있느냐에 따라 고체인가 액체인가가 결정된다.

12 방치된 유지에서 불쾌한 냄새가 나는 이유

유지(油脂, 기름이나 지방)에 관해 조금 더 자세히 살펴보자.

유지가 열화되는 원인은 공기 속의 산소 때문이다. 유제품이나 지방이 포함된 제품을 상온에서 공기 속에 방치해 두면 불쾌한 냄새와 맛이 나게 된다. 또한 그 상태에서 더 오래 방치해 두면 시큼하고 자극적인 냄새를 풍긴다. 이 현상은 공기 속의 산소가 유지와 화학 반응을 일으켜 냄새를 불러오는 분자로 변환된 결과 일어나며, 이 반응을 일으키는 도화선은 열 또는 빛이다(상온이라 해도 열은 있다).

그 화학 반응을 그림으로 나타내면 다음과 같다. 원으로 표시한 것이 공기 속의 산소다. 공기 속의 산소는 산소 원자 O가 2개 붙은 분자(O_2)의 형태로 존재한다(15쪽). 먼저 유지의 구부러진 부분(탄소 C와 탄소 C가 2개의 선으로 연결된 부분)의 주변에 O_2가 달라붙는다. 그리고 이렇게 해서 생긴 분자는 불안정하기 때문에 주위에 있는 수소 원자를 붙여서 안정되려고 한다. 예를 들면 다른 유지의 분자를 구성하는 수소의 원자가 달라붙는다.

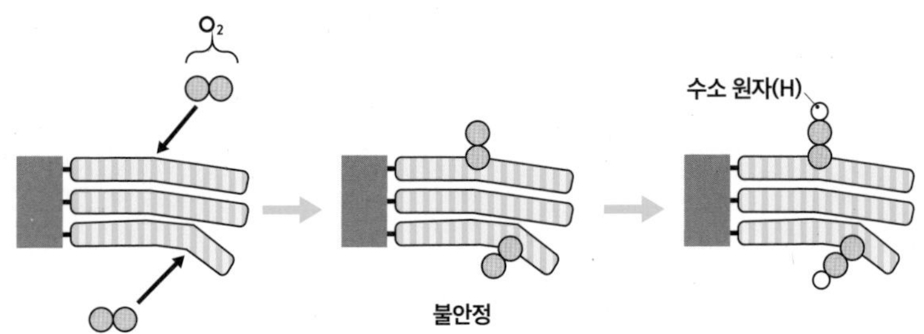

그렇지만 여전히 불안정하기 때문에 유지의 오른쪽 부분이 떨어져 나간다.

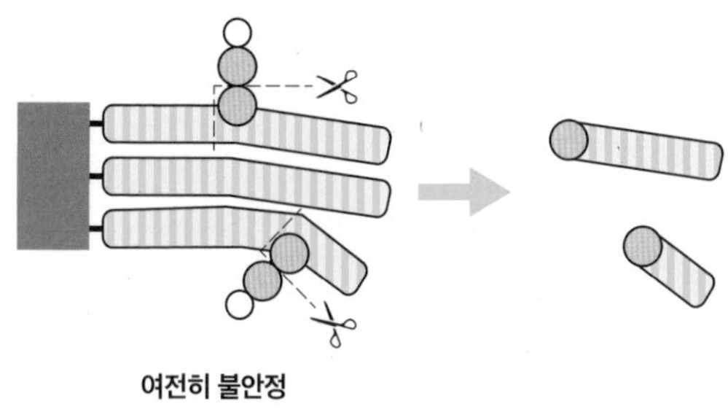

여전히 불안정

떨어져 나간 부분은 산소 원자 O가 1개 붙어 있는 상태로, 새로운 분자로서 존재한다. 이 분자들 중에 불쾌한 냄새나 자극적인 냄새를 가져오는 분자가 있는 것이다.

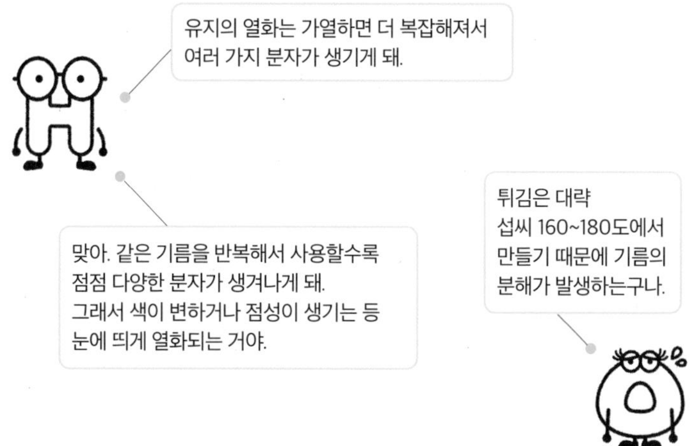

13 오이와 토마토에서 나는 냄새의 정체는?

부엌 편도 슬슬 막바지에 접어들었다. 지금부터는 채소를 화학의 관점에서 살펴보려 한다.

채소라고 하면 오이나 토마토, 양파, 무 등 여러 가지가 있다. 이런 채소를 칼로 자르면 독특한 냄새가 나는데, 그 독특한 냄새도 분자가 원인이다.

먼저 오이와 토마토 냄새에 관해 살펴보자. 오이나 토마토를 자르면 그 세포가 파괴된다. 그러면 라이페이스라고 불리는 효소가 세포를 구성하고 있는 유지나 인지질, 당지질과 반응한다. 인지질과 당지질은 유지와 비슷한 구조를 지니고 있다. 이 책에서는 유지를 예로 들어서 반응을 설명해 보겠다.

유지와 라이페이스가 반응할 때는 물이 필요한데, 채소 속에는 당연히 수분이 잔뜩 들어 있다. 그리고 유지와 라이페이스가 반응하면 유지는 아래의 그림에서 보듯이, 화살표로 가리킨 위치에서 분해된다(산소 O와 탄소 C의 사이).

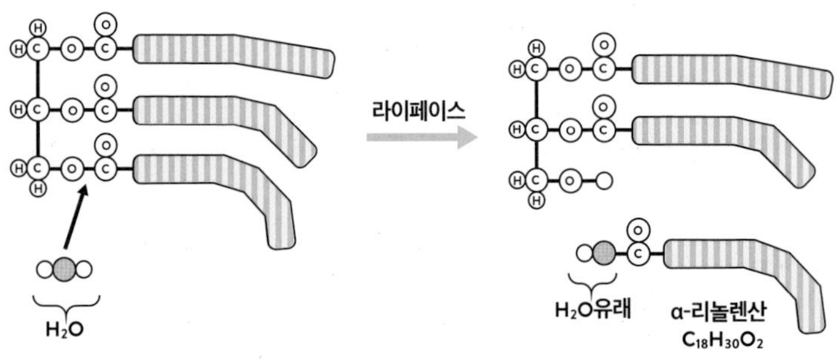

66쪽에서 소개한, 유지가 O_2에 분해될 때와는 위치가 다르다. 분해되면 2개의 분자가 생기는데, 오이와 토마토 냄새는 분해물의 작은 쪽인 α-리놀렌산($C_{18}H_{30}O_2$)과 관계가 있다. 이 분자의 왼쪽 끝에는 H_2O의 산소와 수소가 남아 있다. 이 분자의 구조를 조금 더 자세히 살펴보자.

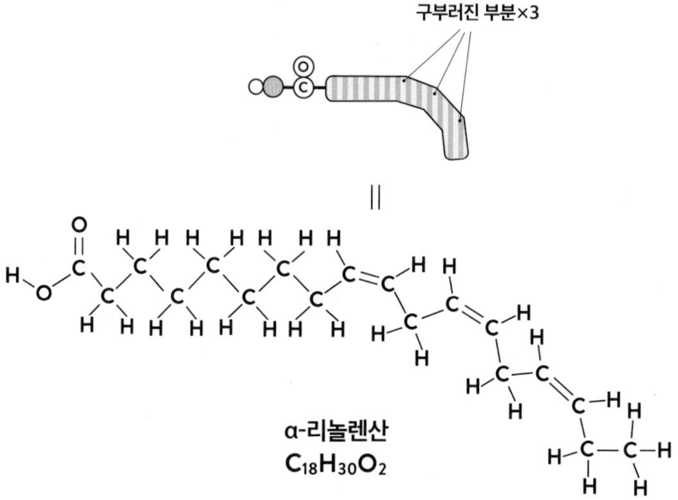

구부러진 부분×3

α-리놀렌산
$C_{18}H_{30}O_2$

구부러진 부분이 세 곳이나 된다. 구부러진 부분은 탄소와 탄소가 2개의 선으로 연결된 곳이다(62쪽). 이런 구조를 지닌 α-리놀렌산이 더 작게 분해되면 오이나 토마토의 독특한 냄새를 풍기는 분자가 된다.

그러면 그 분해 과정을 살펴보자. 오이의 경우는 2개의 효소(리폭시게네이스와 라이에이스)가 작용해 다음과 같은 반응이 일어난다.

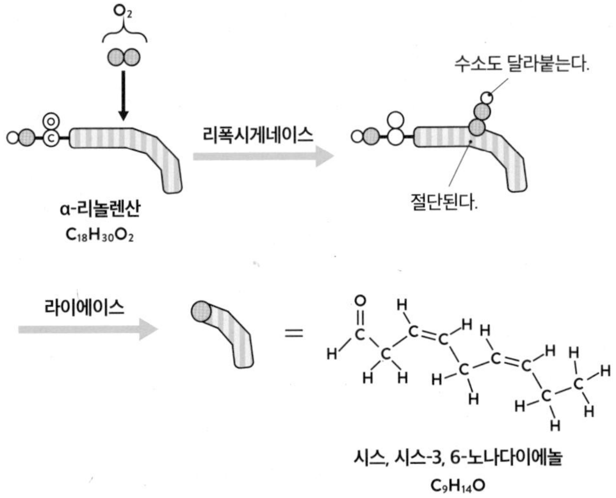

수소도 달라붙는다.
리폭시게네이스
α-리놀렌산
$C_{18}H_{30}O_2$
절단된다.
라이에이스
시스, 시스-3, 6-노나다이에놀
$C_9H_{14}O$

최초의 반응은 효소 리폭시게네이스가 일으킨다. α-리놀렌산에 O_2가 달라붙고, 여기에 수소 원자도 달라붙는다. 66쪽에서 소개한 공기 속 산소에 유지가 열화될 때의 반응과 유사하다. 다만 유지의 열화가 시간을 두고 서서히 일어나는 데 비해 오이 냄새는 오이를 자르는 순간 발생한다. '유사한 반응인데 왜 그럴까?'라고 생각할지도 모르지만, 오이의 경우는 효소가 반응에 관여한다. 앞에서 이야기했듯이 효소는 화학 반응을 일으키는 힘을 지니고 있다(32쪽). 그래서 즉시 반응이 일어난다고 생각하면 앞뒤가 맞는다.

다시 하던 이야기로 돌아가자. 아직 오이의 향기를 내는 분자로는 변환되지 않았다.

왼쪽 페이지의 그림을 보면, 이번에는 라이에이스라는 효소가 힘을 빌려줘서 화살표로 표시한 위치에서 분해되어 '시스, 시스-3, 6-노나다이에놀($C_9H_{14}O$)'이라는 분자가 생긴다. 이 분해도 유지가 열화될 때와 매우 유사하다. 마지막으로 시스, 시스-3, 6-노나다이에놀에 다른 효소가 작용해 제비꽃잎 알데하이드($C_9H_{14}O$)와 오이 알코올($C_9H_{16}O$)이라는 분자로 변환된다.

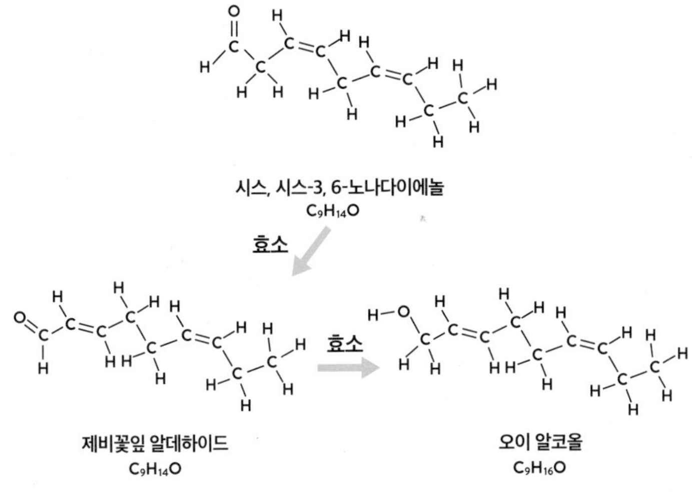

시스, 시스-3, 6-노나다이에놀
$C_9H_{14}O$

효소

제비꽃잎 알데하이드
$C_9H_{14}O$

효소

오이 알코올
$C_9H_{16}O$

이 두 분자가 오이 냄새의 정체임이 밝혀졌다(이 발견 이전에 향기제비꽃의 잎에서 제비꽃잎 알데하이드가 발견되었다. 그래서 이름에 제비꽃이 들어갔다). 기체 형태로 공기 속을 떠다니다 우리 콧속에 있는 세포를 통해 향기로서 전해지는 것이다.

제비꽃잎 알데하이드는 시스, 시스-3, 6-노나다이에놀과 똑같이 $C_9H_{14}O$로 나타내지만, 탄소와 탄소가 2개의 선으로 연결되어 있는 위치가 다르다. 한편 오이 알코올은 $C_9H_{16}O$로, 수소가 2개 더 많다. 양쪽 모두 반응 전의 분자와 구조가 약간 다를 뿐인데, 이 약간의 차이가 향기에 영향을 주는 것이다.

여담인데 이 분자들로 변환되기 전의 '시스, 시스-3, 6-노나다이에놀'은 놀랍게도 멜론 냄새(!)가 난다고 한다. 또한 제비꽃잎 알데하이드는 탄소와 탄소가 2개의 선으로 연결되어 있는 부분이 두 곳인데, 그중 한 곳이 미묘하게 다른 분자가 있다. 바로 가령취(노인 냄새)의 원인이 되는 분자인 트랜스-2-노네날이다. 미세한 구조의 차이가 이런 다름을 만들어낸다니, 참으로 알 수 없는 일이다.

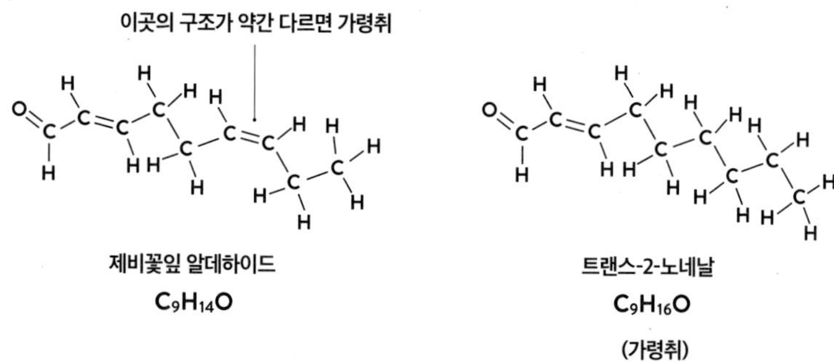

이어서 토마토 냄새에 관해 알아보자. 오이와 마찬가지로 α-리놀렌산이 2개의 효소(리폭시게네이스와 라이에이스)에 분해되지만, O_2가 달라붙는 위치가 다르다. 구부러진 지점을 노려서 달라붙는 것에는 변함이 없지만, 이번에는 약간 더 오른쪽에 달라붙는다. 그렇기 때문에 분해되어 생기는 분자의 구조가 오이보다 조금 짧다.

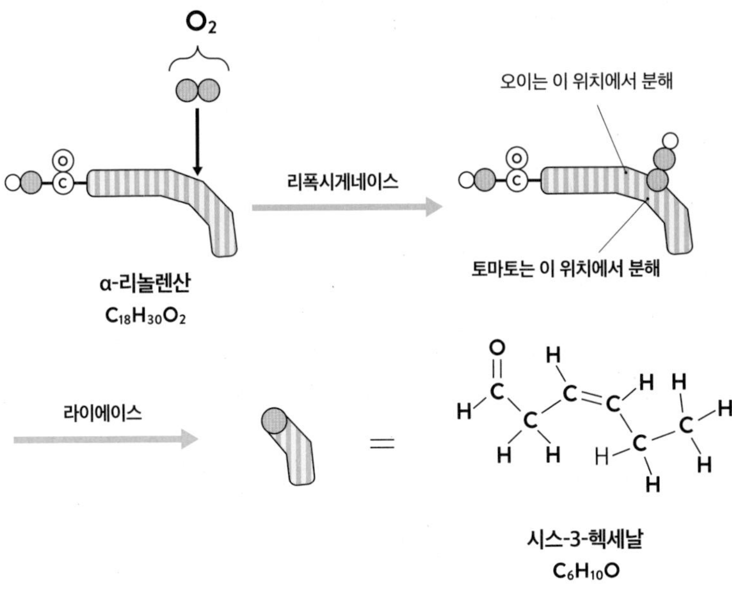

분해물은 시스-3-헥세날($C_6H_{10}O$)이라는 분자다.

마지막으로 이 분자가 다른 효소의 작용으로 변환되어 잎 알데하이드와 잎 알코올이라는 분자가 생긴다. 이것들이 토마토를 잘랐을 때 풍기는 독특한 풋내의 성분이다. 오이보다 약간 짧은 구조일 뿐이지만, 우리는 그것을 토마토 냄새로 인식할 수 있다.

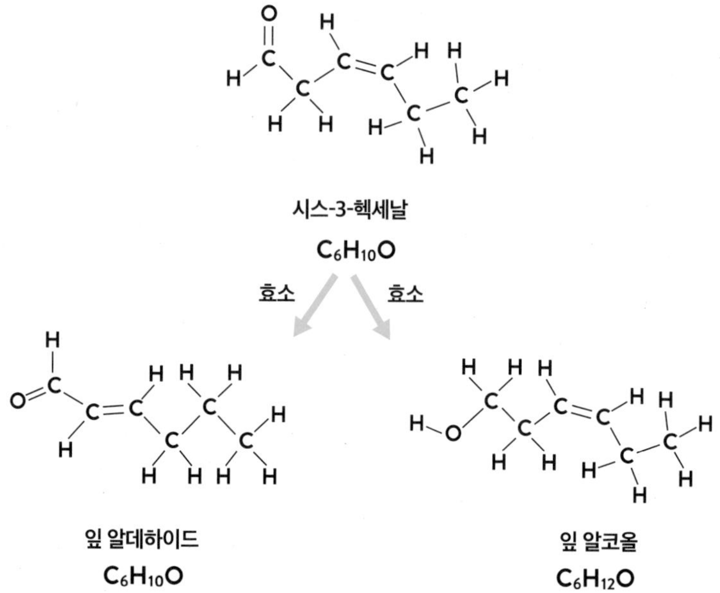

시스-3-헥세날

$C_6H_{10}O$

효소 효소

잎 알데하이드

$C_6H_{10}O$

잎 알코올

$C_6H_{12}O$

사실 잎 알데하이드나 잎 알코올이라는 명칭에서 예상할 수 있듯이, 이들 분자는 식물의 잎에서 나는 풋풋한 향기(신록의 향기)의 성분이기도 하다. 잎을 문질렀을 때 두드러지게 나타나는 향기다. 이와 같은 분자는 그 밖에도 몇 가지가 있으며, 합쳐서 '녹색잎 휘발성 물질'로 불린다. 사실은 잎 알데하이드와 잎 알코올로 변환되기 전의 시스-3-헥세날도 그중 하나다.

다음의 그림은 그 밖의 녹색잎 휘발성 물질의 성분을 나타낸 것이다. 거의 비슷한 구조여서 다른 그림 찾기 같지만, 자세히 들여다보면 미묘하게 다르다.

$C_6H_{12}O$ $C_6H_{10}O$

$C_6H_{12}O$ $C_6H_{14}O$ $C_6H_{12}O$

오이와 토마토의 경우는 그 냄새를 특징짓는 주된 분자가 각각 두 종류이지만, 식물의 잎에서 나는 향기는 이처럼 많은 분자로 구성되어 있다.

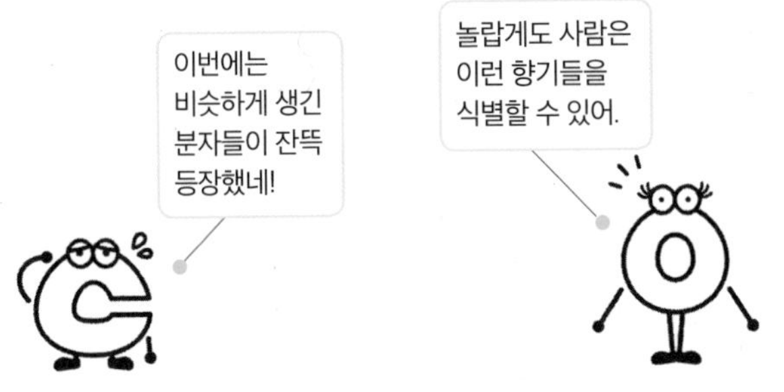

14 마늘 냄새의 정체와 양파가 눈물 나게 하는 이유

계속해서 채소의 냄새(향기)에 관한 이야기로, 이번에는 마늘과 양파에 관해 생각해 보자. 우선 마늘에서 나는 냄새의 정체는 마늘에 들어 있는 알리인($C_6H_{11}NO_3S$)이 분해되어서 생긴 분자다.

알리인

$C_6H_{11}NO_3S$

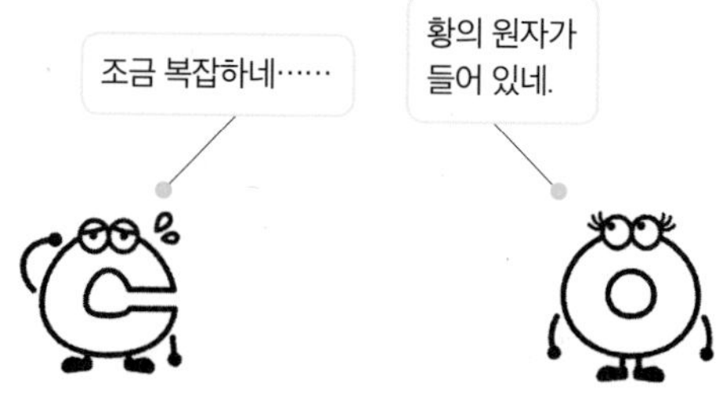

알리인에는 S로 표기되는 원자가 들어 있다. S는 황의 원소기호다.

황 S가 포함되어 있고 분자가 작을 경우 냄새가 굉장히 강해지는 경향이 있다. 가령 황화수소 H_2S라는 분자는 강렬한 냄새(그리고 강한 독성)를 가진 것으로 유명하다. 온천에서 유황 냄새가 난다는 것은 누구나 다 아는 사실인데, 이 냄새의 정체가 바로 H_2S다.

또한 황 S는 가정에서 사용하는 도시 가스의 냄새와도 관계가 있다. 도시 가스의 성분은 본래 메테인(CH_4)과 에테인(C_2H_6) 등 탄소와 수소로 구성된 작은 분자로, 냄새가 나지 않는다. 그런데 냄새가 나지 않으면 가스 누출 시 감지하지 못하기 때문에 위험하다. 그래서 의도적으로 도시 가스에 냄새가 강한 분자를 포함시키는데, 이때 가장 많이 사용하는 것이 삼차뷰틸머캅테인이라는 분자다. 삼차뷰틸머캅테인의 화학식은 $C_4H_{10}S$로, 황 S가 들어 있음을 알 수 있다. 이 분자가 도시 가스에서 나는 강렬한 냄새의 정체인 것이다. 그 덕분에 가스 누출이 발생했을 때 빠르게 알아챌 수 있다.

그러면 다시 본론으로 돌아가자. 마늘을 다져서 세포가 분쇄되면 각각 다른 장소에 있던 알리인($C_6H_{11}NO_3S$)과 효소인 알리이네이스가 만나서 반응을 일으킨다. 알리인은 분해되어 크기가 절반 정도인 알릴설폰산(C_3H_6OS)이 된다.

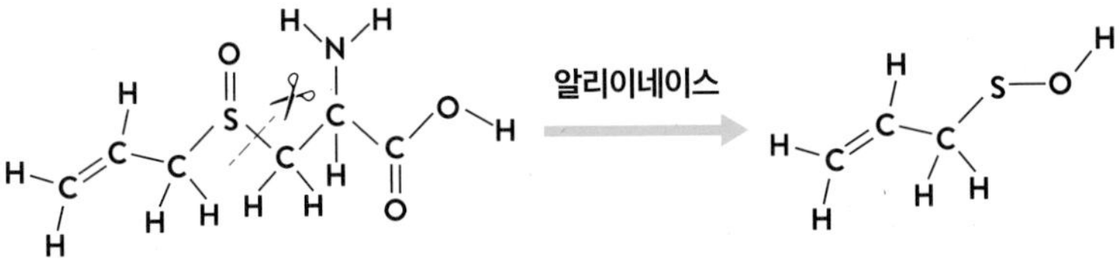

알리이네이스

알리인
$C_6H_{11}NO_3S$

알릴설폰산
C_3H_6OS

그 후 알릴설폰산 2개가 달라붙어서 알리신($C_6H_{10}OS_2$)이라는 분자가 생긴다. 참고로 이 반응에서는 H_2O가 1개 떨어져 나온다.

$$2C_3H_6OS \rightarrow C_6H_{10}OS_2 + H_2O$$

알릴설폰산 알리신

이어서 알리신에서 산소 O가 없어진 다이알릴다이설파이드($C_6H_{10}S_2$)가 발생한다. 황 S가 들어 있는 이 두 분자가 마늘 특유의 냄새를 만들어 낸다.

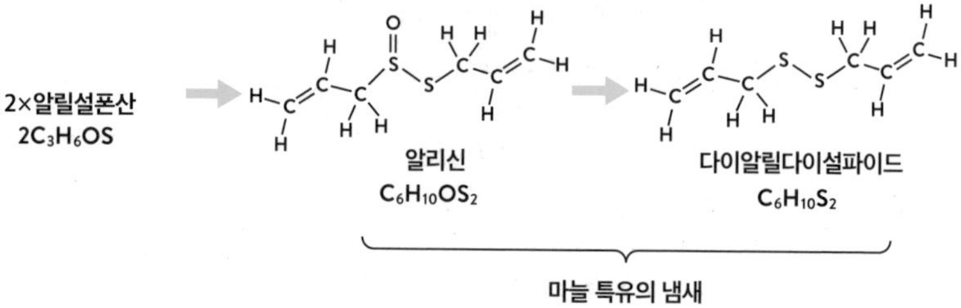

2×알릴설폰산
$2C_3H_6OS$

알리신
$C_6H_{10}OS_2$

다이알릴다이설파이드
$C_6H_{10}S_2$

마늘 특유의 냄새

한편 양파의 경우는 프로필시스테인설폭사이드($C_6H_{13}NO_3S$)라는 분자가 분해되어서 냄새가 발생한다. 이번에도 역시 S가 들어 있다. 분자의 이름은 마늘에 들어 있는 알리인과 전혀 다르지만, 구조를 비교해 보면 상당히 비슷함을 알 수 있다.

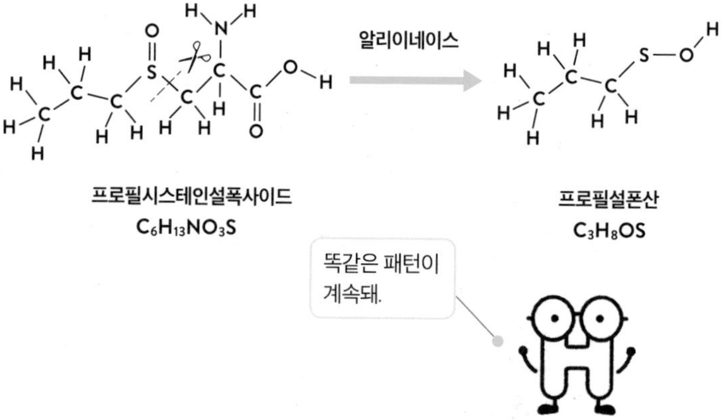

알리이네이스

프로필시스테인설폭사이드
$C_6H_{13}NO_3S$

프로필설폰산
C_3H_8OS

똑같은 패턴이
계속돼.

역시 다질 때 이 분자와 효소인 알리이네이스가 반응해서 분해물인 프로필설폰산(C_3H_8OS)이 발생한다. 그리고 이 분해물 2개가 달라붙어서 앞에서와 똑같은 과정을 거쳐 다이프로필다이설파이드($C_6H_{14}S_2$)가 생긴다. 이 분자가 양파 냄새의 성분인 것이다.

2×프로필설폰산
$2C_3H_8OS$

→

다이프로필다이설파이드
$C_6H_{14}S_2$
(양파의 냄새)

마늘과 양파는 둘 다 같은 부추속으로 분류된다. 겉모양은 얼추 비슷하지만 냄새와 맛은 완전히 다르다. 하지만 이 일련의 흐름을 보면 같은 부류라는 느낌이 든다.

그런데 양파를 다지면 왜 눈물이 날까? 화학적인 관점에서 보면 눈물이 나는 이유는 분자 때문이다. 전문적으로 말하면 양파에서 발생하는 '최루 성분'이 원인이다.

양파에는 S-1-프로페닐시스테인설폭사이드($C_6H_{11}NO_3S$)라는 분자도 들어 있는데, 이것의 분해물이 최루 성분이 된다. 이 S-1-프로페닐시스테인설폭사이드는 지금까지 소개한 분자(마늘의 알리인과 양파의 프로필시스테인설폭사이드)와 구조가 비슷하니 확인해 보자.

양파를 다지면 이 분자와 효소인 알리이네이스가 반응해서 분해물인 1-프로페닐설폰산(C_3H_6OS)이 발생한다.

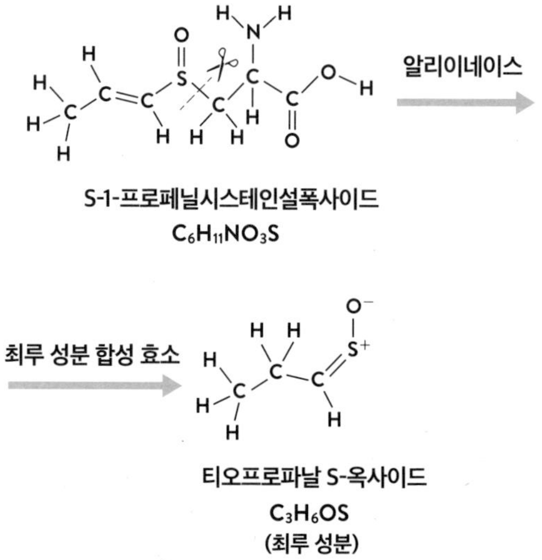

알리이네이스

S-1-프로페닐시스테인설폭사이드
$C_6H_{11}NO_3S$

1-프로페닐설폰산
C_3H_6OS

최루 성분 합성 효소

티오프로파날 S-옥사이드
C_3H_6OS
(최루 성분)

여기까지는 지금까지 살펴본 마늘이나 양파의 반응과 동일하지만, 양파 속에 들어 있는 최루 성분 합성 효소라는 효소에 의해 1-프로페닐설폰산(C_3H_6OS)이 티오프로파날 S-옥사이드(C_3H_6OS)라는 분자로 변환된다.

반응 후에도 반응 전과 같은 C_3H_6OS이지만 구조가 미묘하게 다르며 원소기호에 플러스나 마이너스가 표기된 조금 특수한 분자가 되는 것이다. 플러스와 마이너스 기호는 전기를 띠고 있음을 나타낸다(34쪽).

바로 이 분자가 최루 가스다. 양파를 썰면 이 분자가 발생하여 기체로 변해 우리 눈에 닿아 눈물이 나게 된다.

일련의 반응을 통해 마늘과 양파가 비슷한 부류임을 알 수 있는데, 양파의 경우 독자적인 반응을 일으켜 눈물의 분비를 촉진하는 성분을 만들어내는 것이다.

15 채소의 향은 효소와의 반응 결과다

마지막으로 십자화과에 속하는 채소를 살펴보도록 하자. 고추냉이와 무의 독특한 향과 매운맛도 식물의 화학 반응 때문이다.

고추냉이와 무의 향, 그리고 매운맛은 겨자유 배당체라는 성분과 관계가 있다. 명칭부터 지금까지 등장했던 분자와는 분위기가 다르긴 하지만, 겨자라는 이름이 들어 있으므로 매운맛과 관계가 있음은 예측할 수 있을 것이다.

고추냉이에 들어 있는 겨자유 배당체에는 탄소 C와 수소 H, 산소 O와 함께 질소 N과 황 S도 들어 있다. 아래 그림은 자세한 구조를 나타낸 것이다. 오른쪽의 G라고 적힌 육각형 부분은 설탕이나 쌀에 관해 이야기할 때 나왔던 글루코스를 나타낸다.

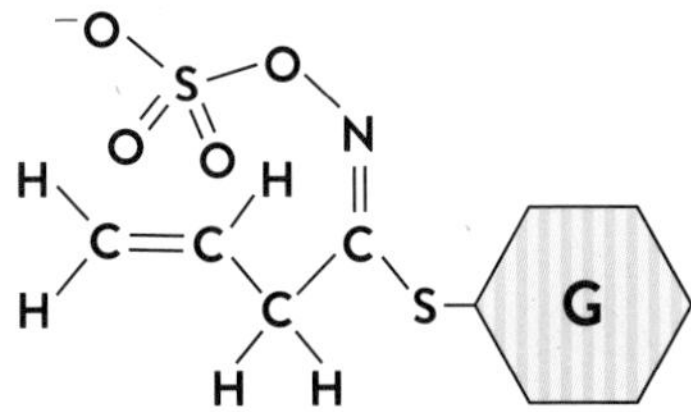

고추냉이에 들어 있는 겨자유 배당체

참고로 이 성분의 명칭에 있는 '배당체(配糖體)'의 '당(糖)'은 글루코스 부분을 의미한다.

고추냉이를 조리하면 세포가 파괴되면서 다른 곳에 저장되어 있던 미로시네이스라는 효소, 그리고 물(H_2O)과 반응해 겨자유 배당체가 분해된다. 글루코스가 떨어지고 왼쪽 위의 황 S와 그 주변의 산소 O도 없어지면서 분자가 작아져, 알릴이소티오시아네이트(C_4H_5NS)가 생겨나는 것이다.

이 분자가 특유의 향과 매운맛을 만들어낸다.

미로시네이스

H_2O

고추냉이에 들어 있는 겨자유 배당체

알릴이소티오시아네이트
C_4H_5NS

한편 무에 들어 있는 겨자유 배당체는 고추냉이에 들어 있는 것과는 약간 구조가 달라서, 황 S가 3개 포함되어 있다. 역시 요리할 때 미로시네이스, 물과 반응해 4-메틸티오-3*E*-부테닐이소티오시아네이트($C_6H_9NS_2$)가 생겨난다. 이 분자가 무의 향과 매운맛의 정체다.

미로시네이스

H_2O

무에 들어 있는 겨자유 배당체 → 4-메틸티오-3*E*-부테닐이소티오시아네이트 $C_6H_9NS_2$

고추냉이에서 발생하는 알릴이소티오시아네이트와 무에서 발생하는 4-메틸티오-3*E*-부테닐이소티오시아네이트 역시 구조가 약간 다를 뿐인데도 다른 풍미가 난다.

지금까지 채소의 향에 관해 이야기했다. 향을 내는 분자가 처음부터 채소 속에 들어 있는 것은 아님을 알았을 것이다. 채소 속에 본래 함유된 성분이 채소를 요리할 때 효소와 반응함으로써 우리에게 향을 느끼게 하는 분자로 분해 · 변환되는 것이다.

16 고추냉이는 갈자마자 먹어야 맛있다 ✦조금 더 자세히!✦

덤으로 고추냉이에 관해 조금 더 이야기해 보려고 한다.

앞에서 설명한 대로 생고추냉이를 강판에 갈면 조직이 파괴되면서 겨자유 배당체와 미로시네이스가 반응해 알릴이소티오시아네이트가 생긴다. 이것이 기체가 되어 특유의 향을 발산하는데, 기체인 까닭에 시간이

지나면 고추냉이에 들어 있던 알릴이소티오시아네이트가 전부 날아가서 사라져 버린다. 요컨대 고추냉이 특유의 풍미를 즐기려면 강판에 간 다음 최대한 빨리 먹어야 한다는 말이다.

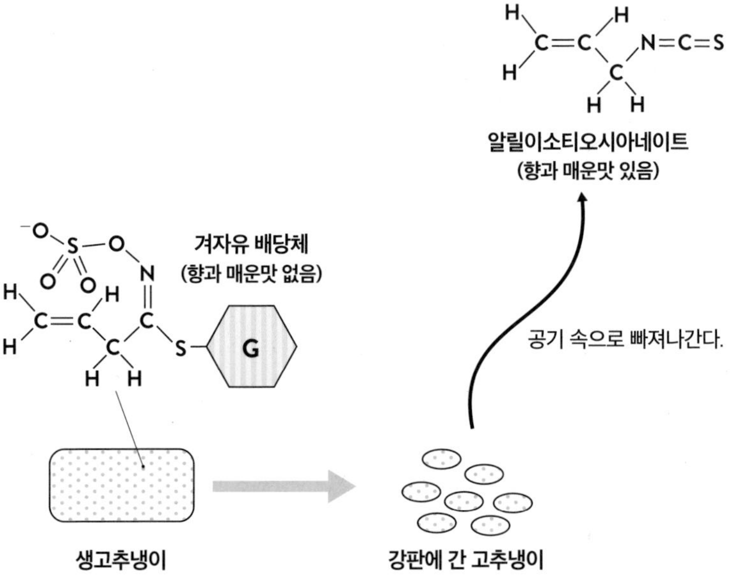

알릴이소티오시아네이트
(향과 매운맛 있음)

겨자유 배당체
(향과 매운맛 없음)

공기 속으로 빠져나간다.

생고추냉이

강판에 간 고추냉이

다만 문제는 생고추냉이를 한 번에 다 사용하기가 쉽지 않으며 가격도 비싸다는 점이다. 그래서 가정에서는 튜브 고추냉이를 사용하는 경우가 많다. 튜브 고추냉이는 강판에 간 상태의 고추냉이를 튜브에 담은 것이다.

알릴이소티오시아네이트는 금방 공기 속으로 빠져나가기 때문에 튜브 고추냉이에는 알릴이소티오시아네이트가 고추냉이 속에 가급적 오래 남아 있게 하는 방법이 고안돼 있다. 사이클로덱스트린으로 알릴이소티오시아네이트를 감싸는 것이다. 앞에서도 이야기했듯이, 사이클로덱스트린은 분자를 수용해 놓았다가 서서히 방출하는 성질이 있다(57쪽). 이 성질을 이용해서 알릴이소티오시아네이트가 공기 속으로 날아가지 않도록 막는 것이다.

사이클로덱스트린은 이처럼 다양한 곳에서 활약하고 있다.

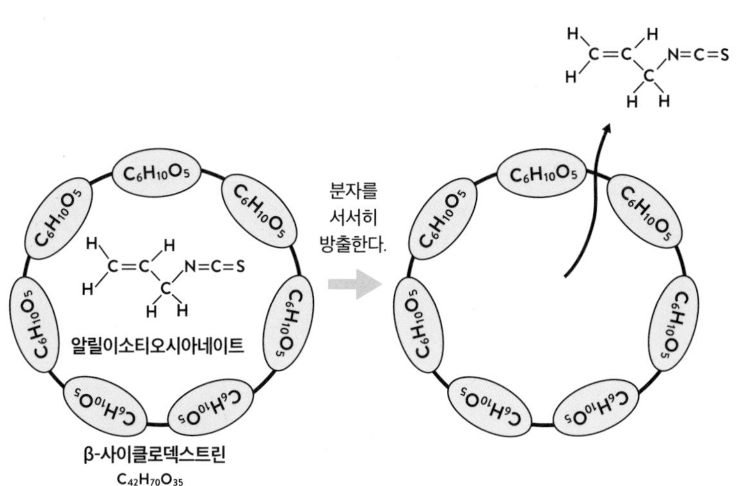

Chapter 4

욕실·화장실의 화학식을 살펴보자

이 장에서는 욕실, 화장실과 관련 있는 물건들의 화학식을 소개하려 한다. 양치질을 하고, 머리를 감고, 용변을 보고……. 우리가 욕실과 화장실에서 일상적으로 하고 있는 이런 행동들을 화학의 관점에서 바라보자.

1 치아의 주성분은 $Ca_{10}(PO_4)_6(OH)_2$

먼저 욕실의 세면대 주변부터 시작하자. 아마도 많은 사람이 세면대 주변에 칫솔을 놓아둘 것이다. 그리고 충치를 예방하기 위해 매일 칫솔로 이를 닦는다. 그런데 우리의 이, 즉 치아는 무엇으로 만들어졌을까? 치아의 주된 성분을 화학식으로 나타내면 다음과 같다.

$$Ca_{10}(PO_4)_6(OH)_2$$

괄호가 많이 사용된 조금 복잡한 화학식이 등장했는데, 바로 수산화인회석(하이드록시아파타이트)이다. 구강 청결 제품의 광고에서 들어 본 적이 있을지도 모른다. 무수히 많은 $Ca_{10}(PO_4)_6(OH)_2$가 규칙적으로 나열되어서 만들어진 것이 바로 치아다.

그러면 화학식에서 제일 왼쪽에 있는 Ca부터 살펴보자. Ca는 칼슘의 원소기호다. 즉 칼슘 원자가 10개나 들어 있다. 그리고 옆에 P(인의 원자) 1개와 O(산소의 원자) 4개가 괄호로 묶여 있다. 또한 괄호의 오른쪽 아래에는 6이라는 숫자가 있는데, 이것은 PO_4라는 덩어리가 6개 있다는 의미다. 마지막으로는 O와 H가 괄호로 묶여 있으며, 그것이 2개 붙어 있다. 이것이 수산화 인회석의 화학식이다.

우리가 음식을 먹으면 입 안에 있는 충치균은 그 음식을 이용해서 이른바 산(酸)을 만들어낸다. 그리고 그 산의 힘에 의해 수산화 인회석의 일부가 분해되어서 입 안으로 녹아 나온다. 또한 음식 속에 산이 들어 있는 경우도 있다. 예를 들면 식초나 포도주, 레몬, 드레싱 등이다.

그러나 조금 시간이 지나면 침 속에 들어 있는 성분이 녹아 버린 수산화 인회석을 복구해 주므로 너무 걱정할 필요는 없다.

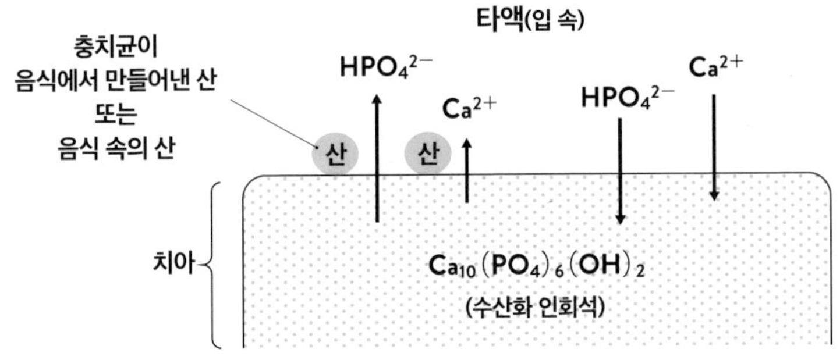

앞에서 산이 수산화 인회석을 분해한다고 말했는데, 화학식으로 나타내면 $Ca_{10}(PO_4)_6(OH)_2$가 Ca^{2+}와 HPO_4^{2-}라는 이온이 된다. Ca^{2+}는 칼슘이 플러스 전기를 띤 칼슘 이온이다. 지금까지 등장한 이온은 +였는데, 이것은 2+다. 이것은 2배의 플러스 전기를 띠고 있다는 뜻이다. 한편 HPO_4^{2-}는 인산수소 이온이라고 부르며, 반대로 2배의 마이너스 전기를 띠고 있다.

이와 같이 이온이 되어서 입 안으로 녹아 나오지만, 침 속에 들어 있는 같은 이온이 치아를 복구시켜 준다.

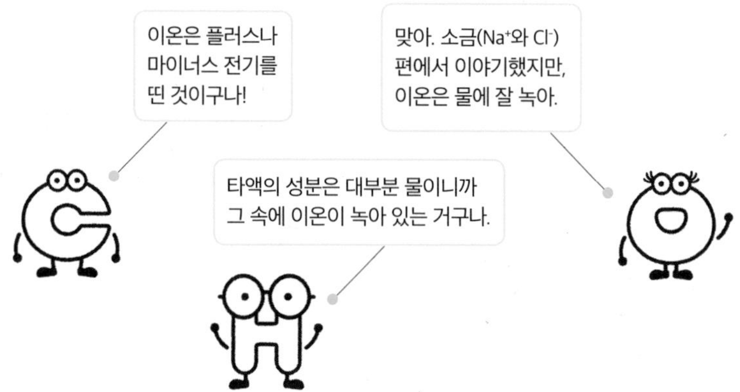

수산화 인회석의 성분이 녹아 나오는 것을 '탈회', 수산화 인회석이 복구되는 것을 '재석회화'라고 부른다. 이 탈회와 재석회화는 우리가 식사할 때마다 일어난다.

탈회와 재석회화를 화학 반응식으로 나타내면 다음과 같다.

$$Ca_{10}(PO_4)_6(OH)_2 + 8H^+ \underset{\text{재석회화}}{\overset{\text{탈회}}{\rightleftarrows}} 10Ca^{2+} + 6HPO_4^{2-} + 2H_2O$$

상당히 복잡해졌는데, 그러면 이 화학 반응에 대해 알아보자.

식의 왼쪽은 $Ca_{10}(PO_4)_6(OH)_2$와 H^+라는 이온이 반응한다는 의미다. H^+는 수소의 원소기호 오른쪽 위에 +가 붙어 있다. 수소 원자에 플러스가 붙으면 수소 이온이라고 불린다. 이 수소 이온(H^+)이 탈회를 유도한 산의 정체인 것이다.

그런데 애초에 산(酸)이란 무엇일까? 산이라고 하면 학교에서 실제로 다뤄 본 적이 있는 염산이나 황산, 질산 같은 강력한 산을 떠올리는 사람이 많을 것이다. 염산은 물에 염화 수소라고 부르는 분자가 녹아 있는 것으로, 염화 수소는 수소(H)와 염소(Cl)가 조합된 화학식 HCl로 나타낸다. 염화 수소의 분자는 그 H를 수소 이온 H^+의 형태로 방출하는 것이다. 한편 황산은 H_2SO_4, 질산은 HNO_3로 표기되며, 역시 H^+를 방출한다.

염산이나 황산, 질산은 굉장한 강한 산이기 때문에 매우 위험하다. 그 밖에도 산이라고 하면 산성비가 유명하다. 이 산성비는 중대한 환경 문제로 알려져 있다. 공장이나 자동차에서 배출된 이산화 황(SO_2)이나 일산화 질소(NO), 이산화 질소(NO_2)는 대기 속에서 황산이나 질산으로 변화하는데, 그런 황산이나 질산이 녹아든 비가 바로 산성비다.

강한 산은 우리의 몸을 구성하고 있는 분자를 파괴하기 때문에 우리에게 상처를 입힌다. 또한 생물에게만 영향을 끼치는 것이 아니다. 동상을 녹슬게 만들거나 콘크리트를 열화시키기도 한다.

산에 관해서 조금 더 공부해 보자. 앞에서 충치균이 음식을 이용해 산을 만들며, 음식 속에 산이 들어 있는 경우도 있다고 말했다. 우리에게 친숙하고 잘 알려진 산으로는 앞에서 말한 조미료인 식초가 있다. 물론 식초는 염산이나 황산에 비하면 훨씬 약한 산이므로 입속에 소량을 넣어도 문제가 되지 않는다.

식초에 들어 있는 산의 화학식은 CH_3CO_2H로 표기되며, 화학의 세계에서는 아세트산이라고 부른다. 역시 이름에 '산'이 들어 있다. 참고로 우리가 사용하는 식초 속에는 5퍼센트 안팎의 아세트산이 들어 있다. 또한 아세트산은 앞에서 에탄올(술)이 분해된 분자로도 등장한 바 있다

(29쪽). 몸속에서 술이 식초로 변화한다니 참으로 신기한 일이다.

그건 그렇고 아세트산은 CH_3CO_2H에서 제일 오른쪽에 있는 H를 H^+의 형태로 방출한다. 앞에서 아세트산은 염산이나 황산에 비하면 약한 산이라고 말했는데, 이것은 H^+를 방출하는 양이 비교적 적기 때문이다.

참고로, 식초의 시큼한 맛도 H^+와 관계가 있어. H^+가 III형 세포(49쪽)를 통해서 신맛의 정보를 전달하는 거야.

잠시 이야기가 샛길로 빠졌는데, 탈회와 재석회화 이야기로 돌아가서 이를 나타내는 화학 반응식을 다시 한번 되짚어보자.

$$Ca_{10}(PO_4)_6(OH)_2 + 8H^+ \underset{\text{재석회화}}{\overset{\text{탈회}}{\rightleftarrows}} 10Ca^{2+} + 6HPO_4^{2-} + 2H_2O$$

오른쪽으로 향하는 화살표 위에 '탈회', 왼쪽으로 향하는 화살표 아래에 '재석회화'라고 적혀 있다. 이것은 반응이 오른쪽으로 향하면 수산화인회석 $Ca_{10}(PO_4)_6(OH)_2$와 수소 이온 H^+가 Ca^{2+}, HPO_4^{2-}, H_2O로 변환되며 이 반응을 탈회라고 부른다는 의미다. 이 흐름은 일반적인 화학 반응과 동일하다.

한편 반응이 오른쪽에서 왼쪽으로 향하면 오른쪽에 적혀 있는 것(Ca^{2+},

HPO_4^{2-}, H_2O)이 왼쪽에 적혀 있는 수산화 인회석과 수소 이온으로 변환되며 이 반응을 재석회화라고 부른다는 의미다.

입 안에 수소 이온이 가득 있으면 수산화 인회석이 칼슘 이온과 인산수소 이온, 그리고 물로 분해되는 반응(왼쪽에서 오른쪽으로 향하는 반응)이 활발하게 진행된다. 즉 치아가 서서히 녹는다는 말이다. 반대로 입 안에 칼슘 이온과 인산수소 이온, 그리고 물이 많이 있으면 오른쪽에서 왼쪽으로 향하는 반응이 우세해진다.

타액(침)의 성분은 대부분이 물이며, 칼슘 이온과 인산수소 이온이 들어 있다. 요컨대 타액이 정상적으로 나온다면 수산화 인회석의 복구가 활발하게 진행됨을 알 수 있다.

정리하면 음식물을 섭취해서 산(H^+)이 많아지면 주로 탈회가 일어나며 그 후에는 타액의 활약으로 재석회화 쪽이 우세해지는 것이다.

하루에 세 끼를 먹는다고 가정하고 이 이미지를 그래프로 나타내면 다음과 같다. 가로축은 시간, 세로축은 탈회와 재석회화 중 어느 쪽이 주로 일어나는지를 나타낸다.

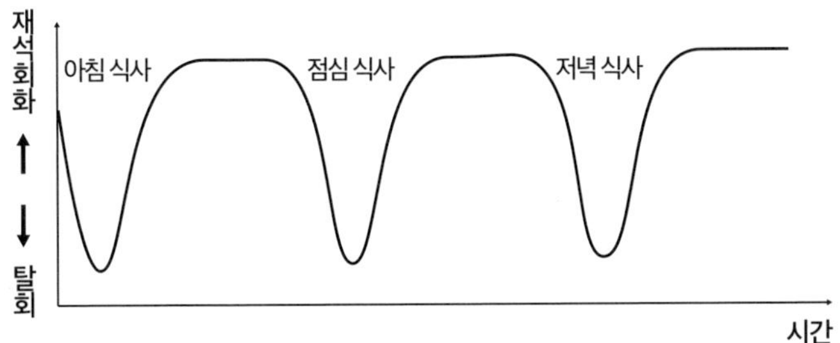

기왕 이야기를 시작한 김에 탈회와 재석회화의 화학 반응식을 좀 더

자세히 알아 보자. 앞서 적었던 화학 반응식을 다시 한번 살펴보겠다. 참고로 조금 어려운 이야기이니 이 부분은 건너뛰고 읽어도 무방하다.

$$Ca_{10}(PO_4)_6(OH)_2 + 8H^+ \underset{\text{재석회화}}{\overset{\text{탈회}}{\rightleftarrows}} 10Ca^{2+} + 6HPO_4^{2-} + 2H_2O$$

식의 왼쪽과 오른쪽을 비교해 보면 종류별로 원자의 수가 일치함을 알 수 있다. 이온인 것(화학식의 오른쪽 위에 2+나 2−가 붙은 것)은 일단 무시하고 세어 보자.

Ca가 10개, P가 6개, H가 10개, O가 26개다. 식의 왼쪽과 오른쪽에서 원자의 수가 일치한다. 다음에는 플러스와 마이너스의 수가 식의 왼쪽과 오른쪽에서 일치하는지 세어 보자.

왼쪽은 +가 8개다. 오른쪽은 2+가 10개, 2−가 6개다. 즉 +가 20개(2+×10=20+)이고 −가 12개(2−×6=12−)이므로 더하면 +가 8개가 된다. 요컨대 왼쪽과 오른쪽 모두 +가 8개로 일치한다.

이처럼 화학 반응식에서는 플러스와 마이너스의 합계가 늘어나거나 줄어들지 않는다.

2 치아에 충치는 어떻게 생기는 것일까?

지금까지 치아가 어떤 것인지 화학의 관점에서 살펴봤다. 이어서 우리의 골칫거리인 충치에 관해 생각해 보자.

충치의 주된 원인은 두 가지다. 먼저 앞에서 소개한 충치균을 들 수 있다. 충치균의 구체적인 이름은 뮤탄스균이다. 이 균은 어렸을 때(3세 정도까지) 어른을 통해 감염되는 일이 많다고 한다. 부모가 사용하던 젓가락이나 숟가락을 사용하거나 컵 등을 함께 쓰는 경우 충치균을 옮길 수 있다.

또 다른 요인은 음식 속에 들어 있는 설탕이다. 앞에서도 말했듯이 설탕의 주된 성분은 수크로스다. 이 두 가지 요인이 겹치면 다음과 같은 일이 일어난다. 먼저, 뮤탄스균이 수크로스를 사용해 글루칸이라는 분자를 만들어낸다. 글루칸의 화학식은 $(C_6H_{10}O_5)_n$인데, 관련 내용은 뒤에서 자세히 살펴보겠다.

글루칸은 치아의 표면에 달라붙어서 뮤탄스균의 서식처가 된다. 또한 입 안에 있는 다른 균(입 안에는 600종류가 넘는 균이 있다고 알려져 있다)도 섞여 들어온다.

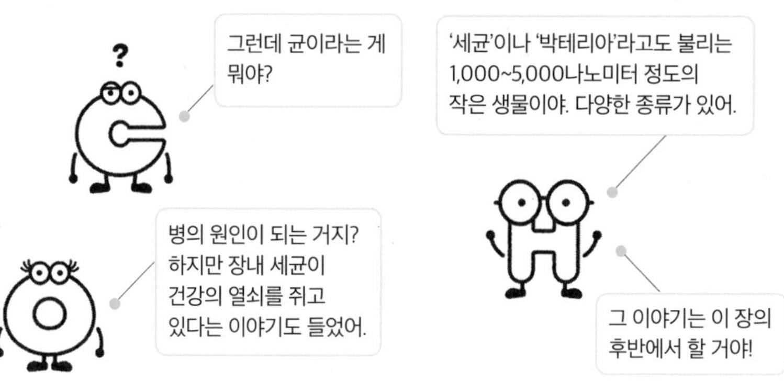

치아에 달라붙은 이런 균들을 합쳐서 치구 혹은 치석이라고 부른다. 플라그나 바이오필름이라고도 하는데, 이 용어들을 치약 광고 등에서 들어 본 적이 있을 것이다.

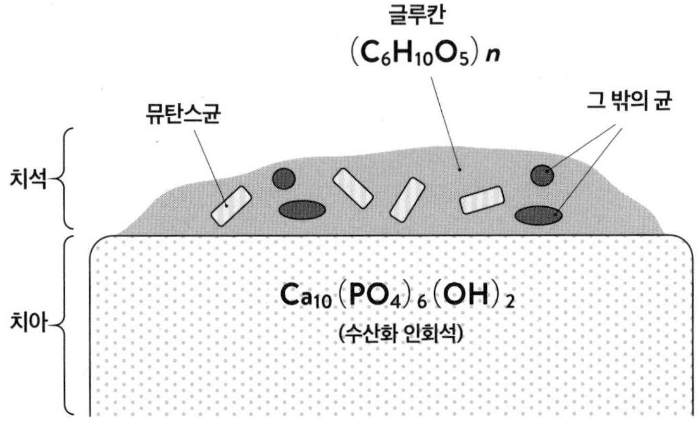

그 후 살 곳을 얻은 뮤탄스균이 산을 잔뜩 만들어낸 결과 탈회만이 일어나고, 이윽고 충치가 된다. 이 흐름을 정리하면 다음과 같다.

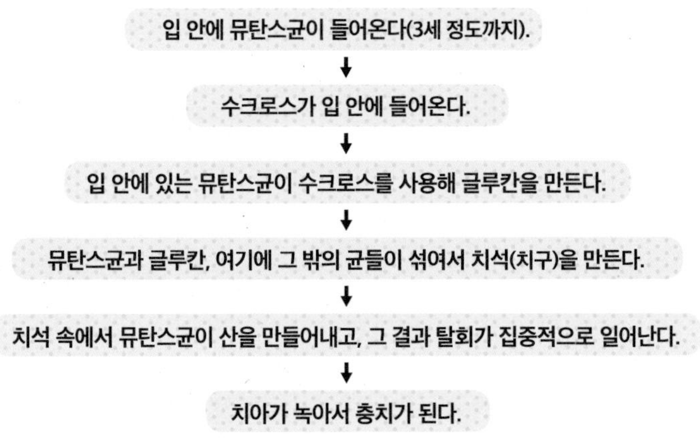

자, 그러면 바로 앞에 나왔던 분자 글루칸에 관해 좀 더 자세히 알아

보자.

글루칸은 크고 끈적끈적한 분자로, 이미 이야기했듯이 뮤탄스균이 만들어내며 치아의 표면에 달라붙는다. 뮤탄스균은 글루코실기전이효소(glucosyltransferase, 줄여서 GTF)라는 효소를 갖고 있어서, 이것을 사용해 음식물 속에 있는 글루코스로부터 글루칸을 만들어낸다.

그러면 글루칸의 구조를 자세히 보자. 글루칸의 화학식은 $(C_6H_{10}O_5)_n$이다. 그런데 이 화학식, 어딘가에서 본 기억이 있지 않은가? 그렇다. 쌀에 관해서 살펴볼 때 나왔던 전분(아밀로스와 아밀로펙틴)과 같은 화학식이다.

그런데 화학식은 같아도 분자의 연결 방식이 다르다. 글루칸에는 글루코스의 ①과 ③의 수산기가 연결된 것, 그리고 ①과 ②의 수산기가 연결된 것이 있다.

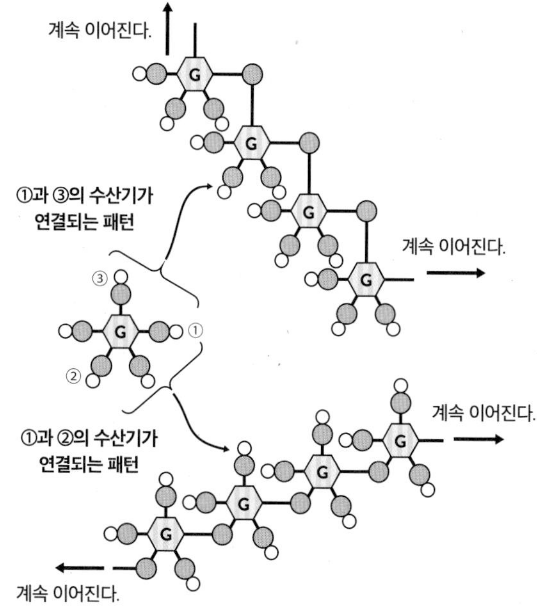

실제로는 아래의 그림처럼 두 패턴이 섞여 있으며 그 비율에 따라서 글루칸의 성질이 달라지는데, 이 부분도 쌀에 관해서 살펴볼 때 이미 설명한 바 있다.

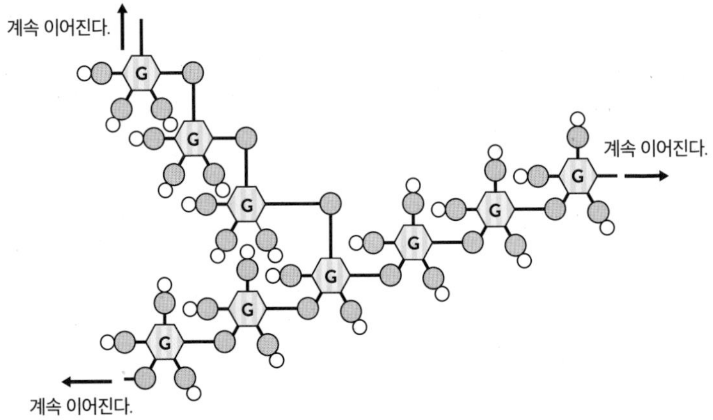

쌀의 경우는 어떤 식으로 연결되어 있었는지 기억하는가? 아밀로스는 ①과 ④의 수산기가 연결되어 있었고, 아밀로펙틴은 때때로 ①과 ③의 수산기가 연결되어 있는 부분이 있기 때문에 그곳에서 분기가 되었다(51~54쪽).

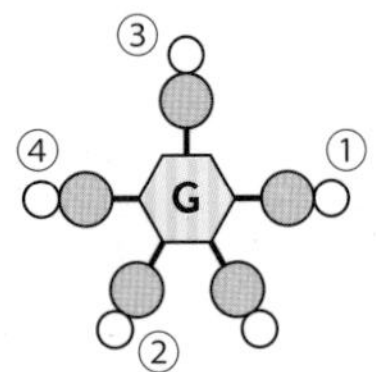

이처럼 글루칸과 전분은 화학식이 $(C_6H_{10}O_5)_n$으로 같지만 구조를 자세히 들여다보면 연결 방식이 다름을 알 수 있다.

이제 글루칸의 구조를 알았는데, 뮤탄스균은 어떻게 수크로스에서 글루칸을 만드는 것일까? 수크로스에 관해서는 설탕에 대해서 살펴볼 때 자세히 이야기했으므로 그때의 그림을 사용해 설명하겠다.

수크로스는 글루코스와 프럭토스로 구성되어 있다. 글루칸을 만들 때는 이 가운데 글루코스의 부분이 사용되며, 프럭토스의 부분은 사용되지 않는다.

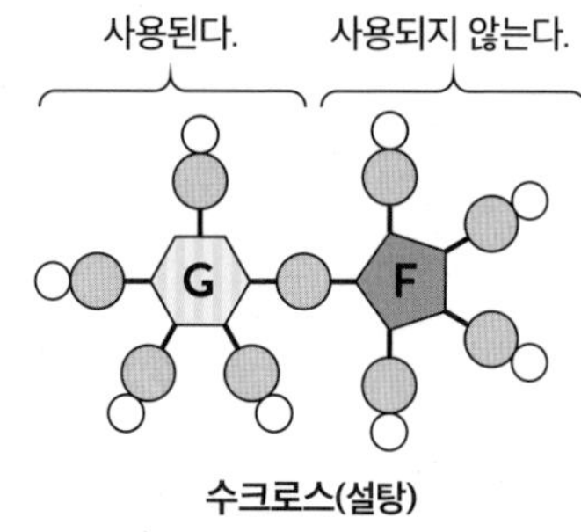

수크로스(설탕)

뮤탄스균이 가진 효소 GTF(글루코실기전이효소)와 수크로스가 반응하면 수크로스 속의 글루코스만이 사용되어 연결되며, 이때 프럭토스는 사용되지 않기 때문에 수크로스가 사용된 만큼 프럭토스가 부산물로 생성된다.

수크로스에서 글루칸이 만들어지는 모습은 다음과 같다. 수크로스의 구조 속에 있는 원으로 나타낸 산소와 수소를 생략함으로써 그림을 단순화했다. 먼저 GTF가 수크로스를 글루코스와 프럭토스로 분해한다. 그리고 다시 한번 GTF가 활약해 이번에는 글루코스를 연결해 나간다. 글루코스가 연결되는 패턴은 앞에서 이야기했듯이 두 가지다.

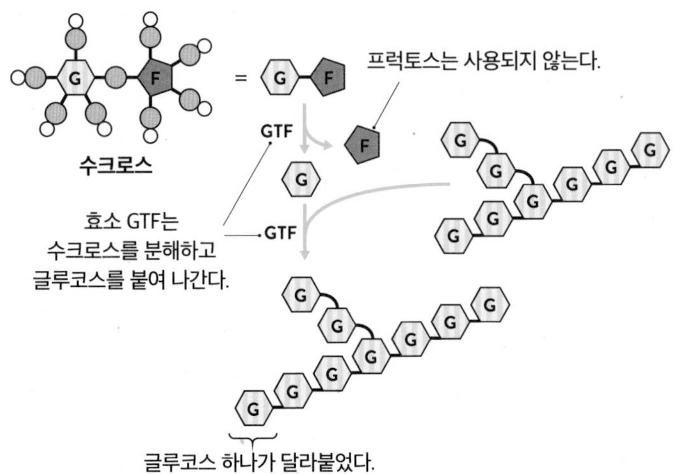

이번에는 글루칸이 만들어지는 상황을 화학 반응식으로 나타내보자. *n*개의 수크로스가 GTF를 통해서 연결되어 *n*개의 글루코스가 연결된 글루칸이 만들어지면 이와 동시에 *n*개의 프럭토스가 생겨난다. *n*개라고 적으면 어렵게 느껴질 수 있는데, 실제로 숫자를 대입해 보면 쉽게 이해될 것이다. 예를 들어 수크로스가 100개 있으면 글루코스가 100개 연결되고 프럭토스도 100개 생겨나는 것이다(n=100).

$$nC_{12}H_{22}O_{11} \xrightarrow{\text{GTF}} (C_6H_{10}O_5)_n + nC_6H_{12}O_6$$

수크로스 글루칸 프럭토스

이렇게 해서 만들어진 끈적끈적한 글루칸이 치아에 달라붙고, 그곳에서 뮤탄스균이 살게 된다. 그리고 글루칸에 균이 정착한 것을 치석이라고 부른다. 치석 1밀리그램에 무려 1억 개가 넘는 균이 있다고 한다(헉!).

그리고 치석 속에 있는 뮤탄스균을 비롯한 균들은 산성을 나타내는 분자, 즉 H^+를 방출하는 분자를 만들어낸다. 그 대표적인 분자가 젖산으로, 화학식은 $C_3H_6O_3$다. 역시 이름에 '산'이 들어가 있다.

그렇다면 왜 젖산을 만들어내는 것일까? 뮤탄스균은 글루칸이 만들어질 때 부산물로 생겨나는 프럭토스나 음식물에 포함되어 있는 글루코스 등을 에너지원으로 삼는데, 프럭토스나 글루코스를 자신의 에너지로 만들 때 생겨나는 분해물이 산성을 띠는 분자인 것이다.

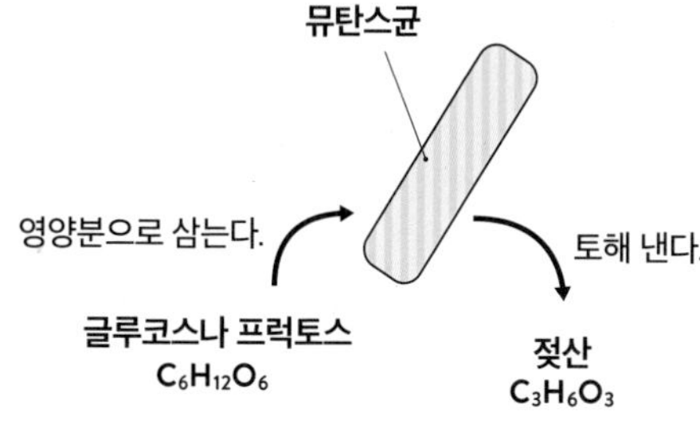

그러면 이번에는 젖산의 구조를 자세히 살펴보자. 다음 그림은 젖산의 구조로, 한가운데의 탄소 C에 H, CO_2H, OH, CH_3가 달라붙어 있다.

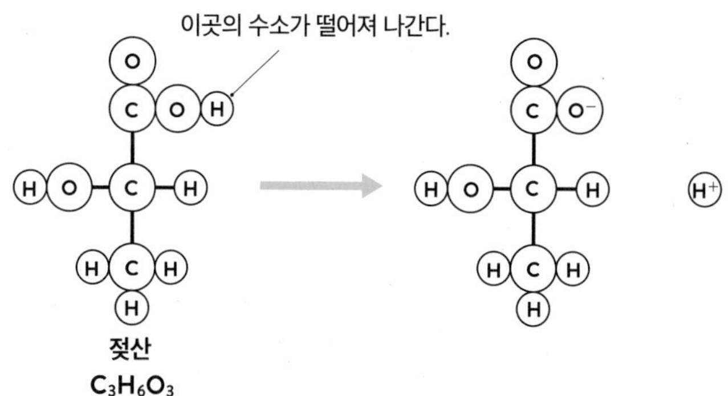

이 중에서 COOH의 H가 H^+의 형태로 떨어져 나가며, 떨어져 나간 뒤 본체의 산소 원자는 마이너스가 된다. 앞에서 이야기했듯이 O는 마이너스가 되기 쉽다(36쪽).

COOH의 H는 떨어져 나가기 쉽기 때문에 아세트산(CH_3CO_2H)의 경우도 CO_2H의 H^+가 떨어져 나간다. 알다시피 아세트산은 식초의 주성분이다. 이 분자도 다음과 같이 플러스와 마이너스로 분해되는데, 구체적으로는 $CH_3CO_2^-$와 H^+로 분해된다.

아세트산과 젖산을 비교해 보면 비슷한 구조임을 알 수 있다.

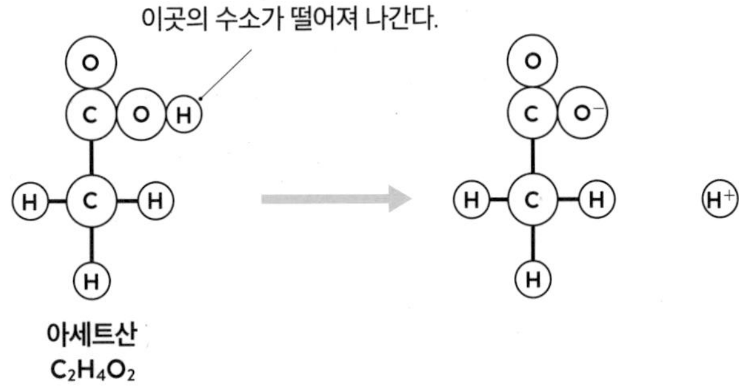

다시 본론으로 돌아가면, 이 H^+는 탈회를 일으키는 요인이었다(90쪽).

지금까지의 흐름을 그림으로 나타내면 다음과 같다.

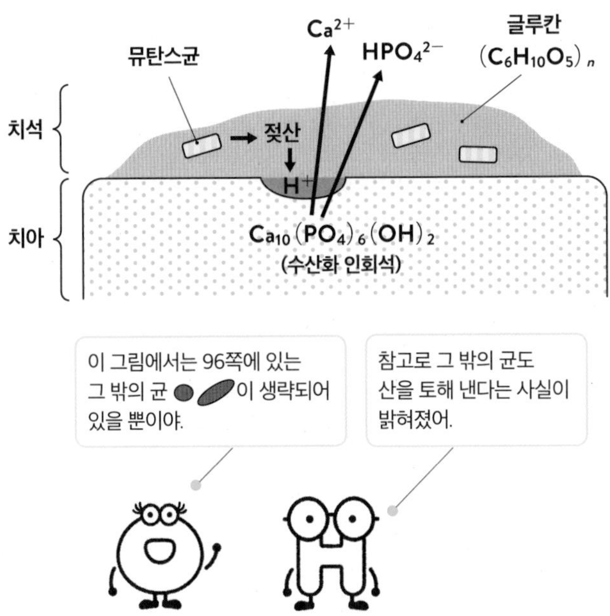

뮤탄스균은 글루칸 속에서 안락하게 살며 젖산을 토해 내는 것이다[사실은 아세트산도 토해 낸다. 그 밖에 폼산(HCO_2H)이라는 산도 토해 내지만, 젖산의 비율이 높다].

이 과정에서 나오는 산 때문에 탈회가 집중적으로 일어남으로써 치아가 녹아서 충치가 된다. 이렇게 되기 전에 양치질을 해서 치아에 달라붙어 있는 치석(글루칸+균)을 확실히 제거해야 한다.

끈적끈적한 치석은 물 양치를 하는 정도로는 잘 떨어지지 않는다. 물리적인 힘으로 제거하는 것이 최선이며, 효과적인 방법은 역시 칫솔질이다. 치약에는 연마제(효율적으로 연마하기 위한 입자)가 들어 있어서 끈적끈적한 치석을 제거하는 데 효과가 있다.

3 충치를 잘 유발하지 않는 단 음식 ✦조금 더 자세히!✦

설탕이 충치를 유발한다는 것은 앞에서 이미 설명했다. 그런데 설탕처럼 단맛을 내지만 먹어도 충치를 잘 유발하지 않는 분자가 있다. 그 대표적인 예가 자일리톨로, 자일리톨이 들어 있는 껌이 유명하다.

이 분자의 화학식은 $C_5H_{12}O_5$로, 세부적인 구조는 다음과 같다.

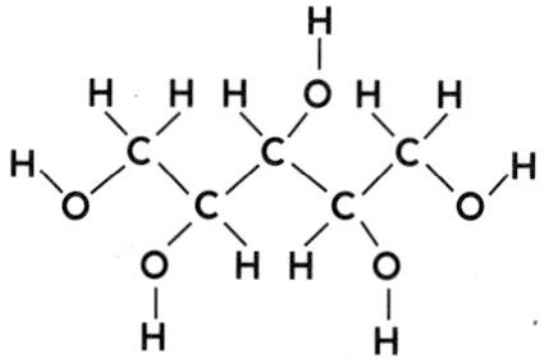

자일리톨
$C_5H_{12}O_5$

자일리톨은 왜 단맛이 나는데도 충치를 잘 유발하지 않는 것일까? 이 의문에 대답하기 전에 먼저 수크로스(설탕)가 충치를 일으키는 이유를 떠올려 보자. 수크로스는 뮤탄스균이 글루칸을 만들기 위한 재료로 사용되었다. 그리고 이때 생기는 프럭토스는 뮤탄스균의 영양분이 된 뒤 젖산의 형태로 배출되었다.

그렇다면 자일리톨의 경우는 어떨까? 먼저 자일리톨은 수크로스처럼 글루칸을 만들기 위한 재료가 되지 않는다. 또한 뮤탄스균은 자일리톨을 영양분으로 삼지 않기 때문에 젖산으로 변환되지도 않는다. 그래서 단맛이 나는데도 불구하고 충치를 잘 유발하지 않는 것이다.

이때 한 가지 의문이 생긴다. 자일리톨과 수크로스는 구조가 크게 달라 보이는데 왜 둘 다 단맛을 내느냐는 점이다. 그러나 자일리톨을 다음과 같이 조금 다른 식으로 그려 보면 수크로스를 구성하는 글루코스나 프럭토스와 구조가 닮았음을 알 수 있다. 색을 칠한 부분도 닮았지만, 수산기의 많은 부분도 유사하다.

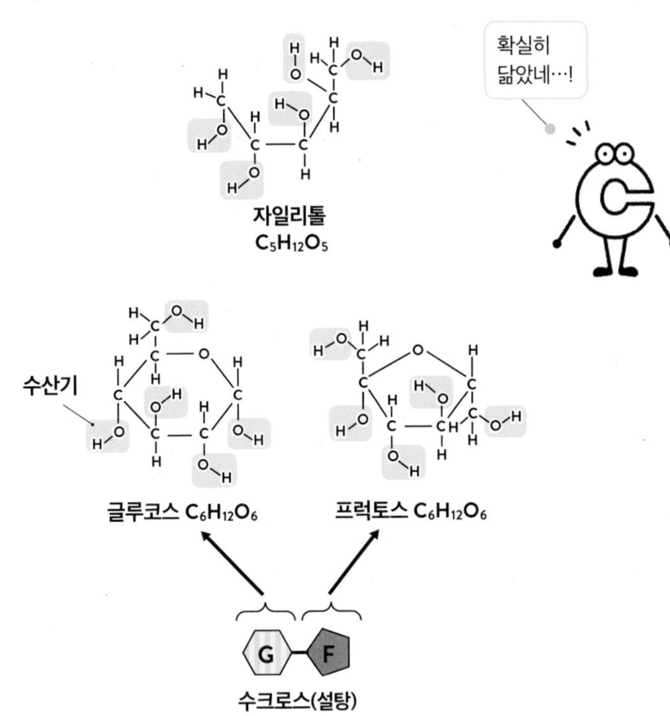

그도 그럴 것이 이것은 자일리톨이 자일로스라는 글루코스를 쏙 빼닮은 분자에서 화학 반응을 통해(인공적으로) 만들어진 분자이기 때문이다.

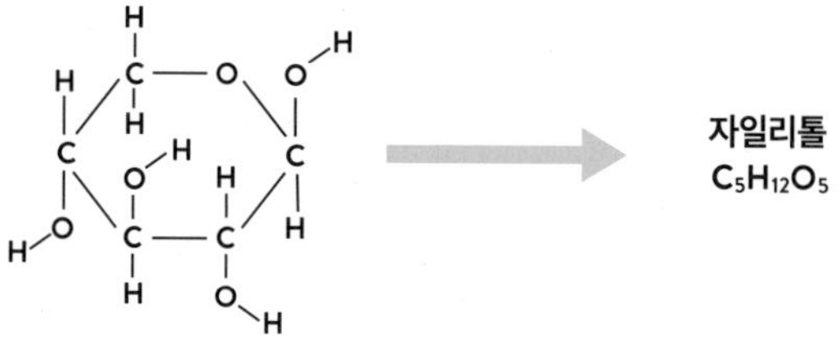

자일리톨
$C_5H_{12}O_5$

자일로스 $C_5H_{10}O_5$
(자일리톨의 원료)

자일로스
$C_5H_{10}O_5$
(자일리톨의 원료)

참고로 자일로스는 옥수수에 들어 있는 자일란이라는 분자(자일로스가 잔뜩 연결되어 있다)를 분해해서 얻는다. 자일리톨은 옥수수에서 유래한 분자였던 것이다!

이처럼 자일리톨은 수크로스와 구조가 닮았다. 그런데 수크로스와 구조가 닮은 분자만 단맛을 내는 것이 아니다. 대표적인 것이 바로 아스파탐이다.

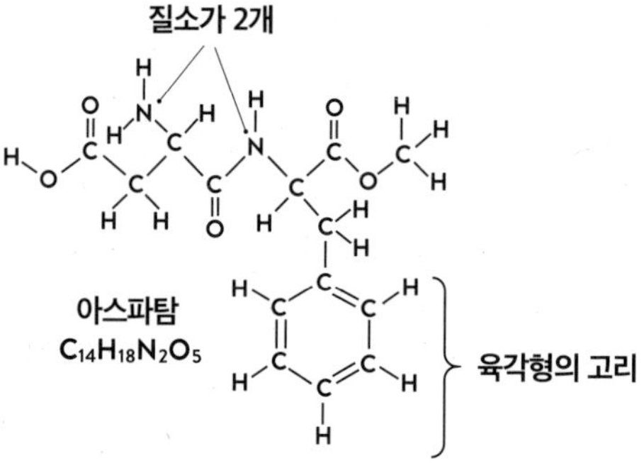

질소가 2개

아스파탐
$C_{14}H_{18}N_2O_5$

육각형의 고리

이 분자는 수크로스보다 단맛이 200배가량 강한데도 충치를 유발하지 않는 것으로 보고되었는데, 한눈에 봐도 구조가 수크로스와 전혀 다르다. 질소가 2개 들어 있고, 육각형의 고리도 포함되어 있다.

참고로 이 육각형이 그 유명한 벤젠 고리다. 시판되는 약이나 발모제 등의 포장지에 그려진 것을 본 적이 있는 사람도 있을 것이다. 다음과 같이 단순한 형태로 그려져 있는 경우도 많다.

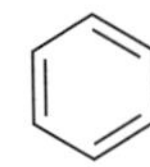

아스파탐은 수크로스와 구조가 전혀 다름에도 매우 강한 단맛을 낸다. 게다가 칼로리가 거의 없어 다이어트용 감미료로도 사용할 수 있다.

4 비누 분자는 기름때를 어떻게 떼어 낼까?

이제 시선을 다른 곳으로 돌려 보자.

욕실에는 세탁용 세제가 놓여 있는 경우도 많다. 세탁용 세제는 당연히 옷을 깨끗하게 빨기 위한 것이다. 그 밖에도 욕실에서는 비누로 손을 씻거나 샴푸로 머리를 감는 등 주로 세정과 관련된 일을 한다. 부엌에서도 설거지용 세제로 식기나 과일을 씻는 작업을 한다.

그렇다면 화학의 세계에서는 세제나 샴푸 등을 어떻게 표현할까? 세제나 샴푸 등의 성분은 지속적으로 개량되고 있으며, 여러 가지 분자가 개발되어 왔다. 이처럼 분자의 종류는 다양하지만, 거품을 내서 세정을 한다는 메커니즘은 근본적으로 비슷하다.

거품을 내서 세정하기 위해 사용되는 분자는 역사를 거슬러 올라가면 전부 비누로 귀결된다. 그러면 우선 거품을 내서 세정하는 세제의 시초가 되는 비누의 분자에 관해 살펴보도록 하자.

상당히 먼 옛날의 이야기이지만, 본래 인간은 세정제 없이 물만 가지고 세탁을 했다. 도구와 물을 사용해서 물리적인 힘으로 문지름으로써 더러움을 씻어 내던 것이다. 조금 문지르는 정도로 떨어져 나가는 더러움은 그 과정에서 제거되고, 물에 녹는 더러움은 물에 녹아서 씻겨 내려갔을 것이다. 이처럼 더러움을 물리적인 힘으로 떼어 내는 수법과 액체에 녹이는 수법이 대표적인 세정 방법이었다.

그런데 문제는 기름때였다. 기름때는 물에 녹지 않으며, 문지른다고 잘 떨어져 나가지도 않기 때문이다.

그러던 어느 날 비누가 발견되었다. 먼 옛날인 고대 로마 시대에 신전에 바치기 위해 양고기를 굽다가 우연히 발견한 것으로 알려진다. 양고기에서 떨어진 물질을 사용하면 더러움이 쉽게 떨어져 나간다는 사실을 알게 된 것이다. 이 더러움을 쉽게 제거하는 물질이 바로 양고기에 들어 있는 유지(油脂)에서 유래한 비누다.

그러면 유지에서 어떻게 비누가 만들어지며, 비누는 어떤 구조인지 살펴보자. 유지의 구조에 관해서는 부엌 편에서 이야기했다.

유지를 수산화 나트륨(NaOH)이라는 약품과 반응시키면 다음 그림과 같은 위치에서 분해된다.

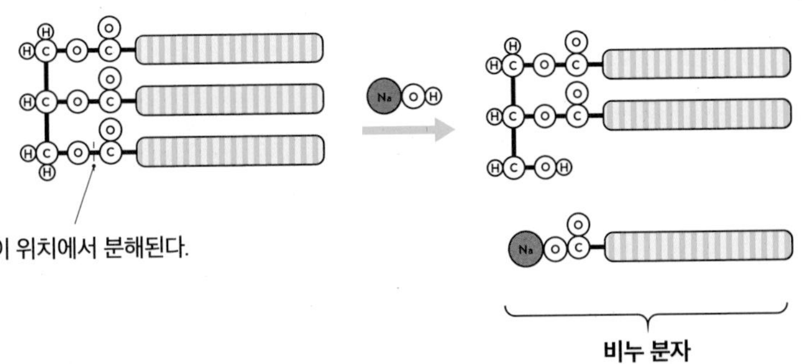

이렇게 해서 탄생한 분자가 비누다. 위의 반응은 유지와 라이페이스의 반응과 비슷하지만(68쪽), 비누 분자의 끝에는 NaOH에서 유래한 Na가 달라붙어 있다는 점이 다르다. 실제로 비누는 이런 공정으로 만들어진다. 참고로 오른쪽의 길쭉한 사각형에는 앞에서 이야기했듯이 탄소 C와 수소 H로 구성되는 다양한 구조가 들어 있다(61쪽).

다음과 같이 유지 분자 1개에서 최대 3개의 비누 분자를 얻을 수 있다.

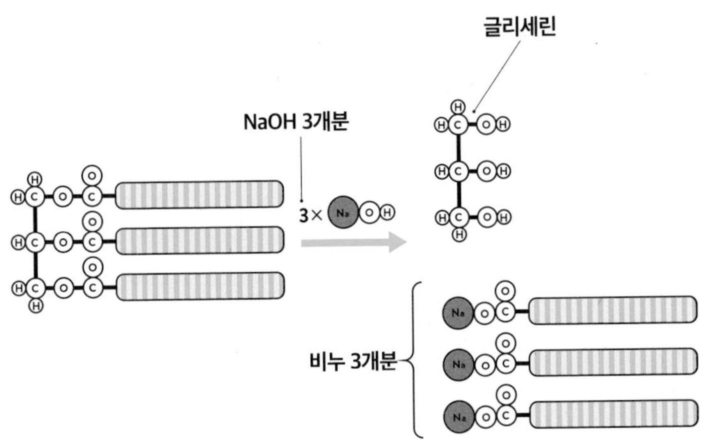

고대 로마 시대 때 양고기에 들어 있는 유지와 고기를 굽는 과정에서 생긴 나뭇재(NaOH와 마찬가지로 유지를 분해하는 성분이 들어 있다)가 반응해서 의도치 않게 비누가 만들어졌다고 한다. 참고로 비누와 동시에 생기는 글리세린이라는 분자는 의약품, 화장품, 식품 등의 분야에서 활용된다. 낭비가 없는 것이다.

화학의 세계에 국한된 것은 아니지만 불필요한 폐기물을 최대한 줄이는 것은 비용이나 환경 면에서 중요한 일이다.

그런데 비누 분자는 어떻게 더러움을 떼어 내는 것일까? 앞에서 이야기했듯이, 물로 씻어 낼 수 있는 더러움은 어렵지 않게 떼어 낼 수 있지만 기름때는 물만으로는 떼어 내기 어렵다. 여기서 우선 물과 기름이 어떤 것인지를 화학의 관점에서 생각해 보자.

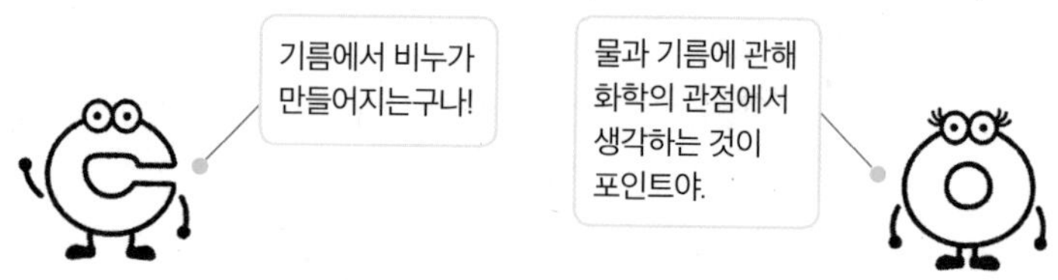

물과 기름이 서로 섞이지 않는다는 것은 잘 알 것이다. 가령 샐러드에 사용하는 드레싱 중에는 놓아두면 액체가 위아래로 분리되는 유형이 있다. 이 유형은 먼저 흔들어서 액체를 섞은 다음에 사용하게 되는데, 분리되는 그 액체가 바로 물과 기름인 것이다. 기름이 물에 뜨기 때문에 다음 그림에서 보듯이 위쪽의 액체가 기름이고 아래쪽의 액체가 물이다.

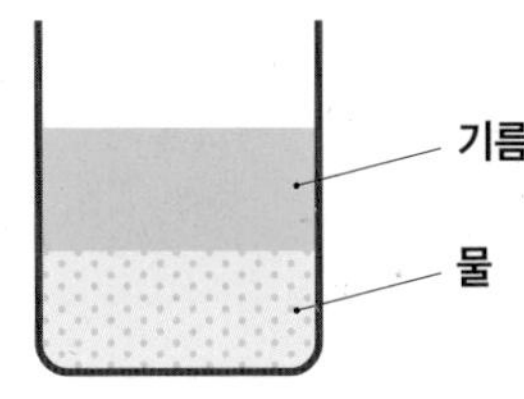

그러면 물과 기름에 관해 분자 수준에서 생각해 보자. 먼저 물의 분자 H_2O는 아주 조금이지만 전기를 띠고 있다.

δ+ δ- δ+

H_2O

그리고 물은 플러스 혹은 마이너스 전기를 띠고 있는 이온이지만 약간의 전기를 띠고 있는 분자를 녹일 수 있다. 소금이나 설탕이 물에 녹는 그림을 떠올려 보라. 다음 그림처럼 소금은 이온으로 구성되어 있고, 설탕은 δ+와 δ−로 표기되듯이 약간의 전기를 띠고 있는 수산기를 많이 갖고 있었다.

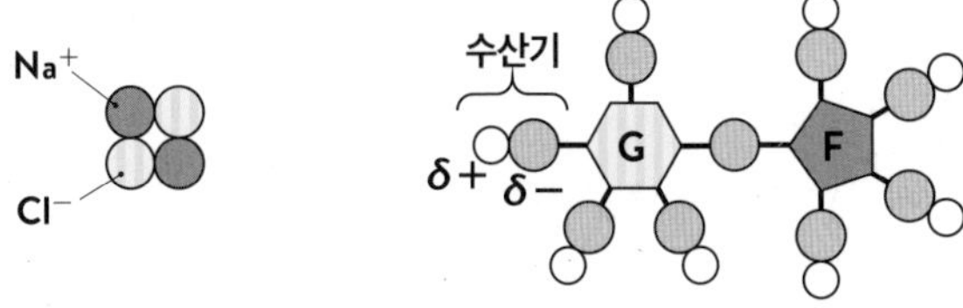

다음에는 기름에 관해 살펴보자. 앞에서 유지의 구조에 대해 설명했는데, 유지의 구조에서 대부분을 차지하는 오른쪽의 길쭉한 직사각형

부분에 주목해 보자. 이 직사각형 부분의 구체적인 구조를 보면 탄소 C와 수소 H의 조합이 연결되어 있다.

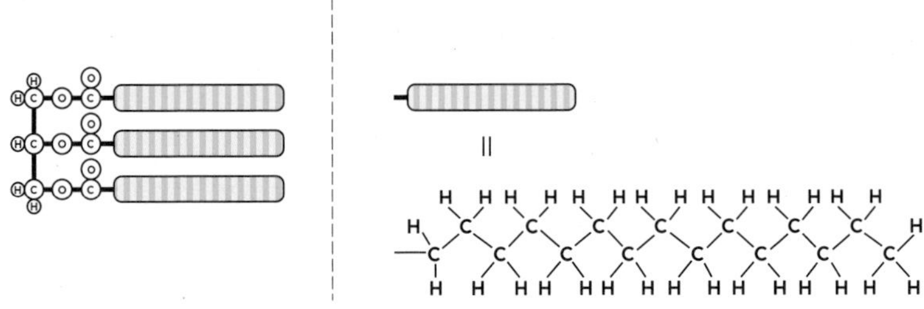

결론적으로 이 부분이 거의 전기를 띠고 있지 않기 때문에 유지는 물에 녹지 않는(섞이지 않는) 것이다.

'물'이나 '수산기'를 보면 알 수 있듯이 수소 H는 플러스 전기를 띠기 쉽지만, 이것은 마이너스 전기를 띠기 쉬운 원자와 한 쌍을 이루었을 때의 이야기다. 36쪽에 있는 목록을 다시 한번 살펴보자.

플러스 전기를 띠기 쉬운 원자……수소 H, 나트륨 Na
마이너스 전기를 띠기 쉬운 원자……산소 O, 염소 Cl, 질소 N, 플루오린 F
어느 쪽도 아닌 원자……탄소 C

'어느 쪽도 아닌 원자'인 탄소 C와 수소 H가 한 쌍일 경우, 수소 H는 플러스 전기를 거의 띠지 않게 된다. 이 전기를 거의 띠지 않는 C와 H의 쌍이 유지의 구조 대부분을 차지하는 까닭에 물과 섞어 놓더라도 H_2O의 $\delta+$나 $\delta-$와 서로 강하게 끌어당기지 못한다. 그래서 유지는 물에 섞이지 않는(녹지 않는) 것이다.

그런데 물에 녹지 않는 분자는 유지만이 아니다. 가령 자연에서 얻을 수 있는 석유 속에는 물에 녹지 않는 다양한 분자가 들어 있다. 이것은 이름에 '유'가 들어 있으므로 쉽게 상상할 수 있을 것이다. 석유에 들어 있는 그 다양한 분자는 분리되어서 휘발유나 타이어, 플라스틱 등 여러 가지 제품으로 새롭게 탄생한다.

그렇다면 석유 속에는 어떤 분자가 들어 있을까? 다음은 석유에 들어 있는 분자 중 일부를 나타낸 그림이다. 전부 유지의 구조에서 볼 수 있었던 탄소와 수소가 조합된 분자들로, 직선의 형태를 띤 것도 있고 고리를 이루는 것도 있다. 탄소와 수소로 구성되어 있기 때문에 화학의 세계에서는 이런 유형의 분자를 통틀어서 탄화수소라고 부른다.

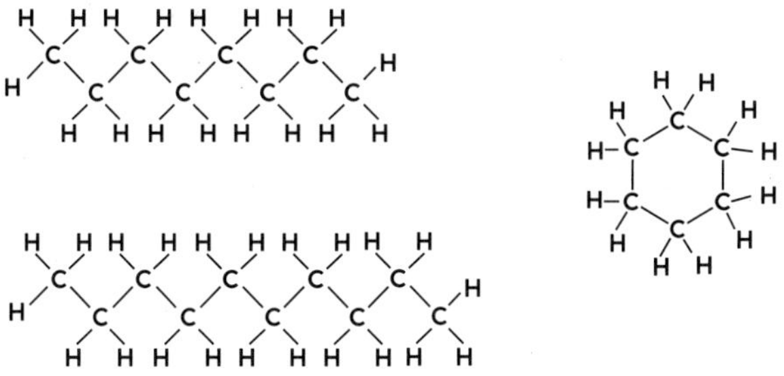

물에 녹지 않는 분자는 유지와 석유 이외에도 이 책에서 전부 소개할 수 없을 만큼 많이 존재한다.

5 비누를 이용한 세정의 원리

그러면 다시 세정의 이야기로 돌아가자.

지금까지 살펴봤듯이, 의복이나 두피, 식기 등에 달라붙은 기름때를 물만으로 제거하기는 불가능하다. 물은 기름과 섞이지 않기 때문이다. 이것을 그림으로 나타내면 다음과 같다.

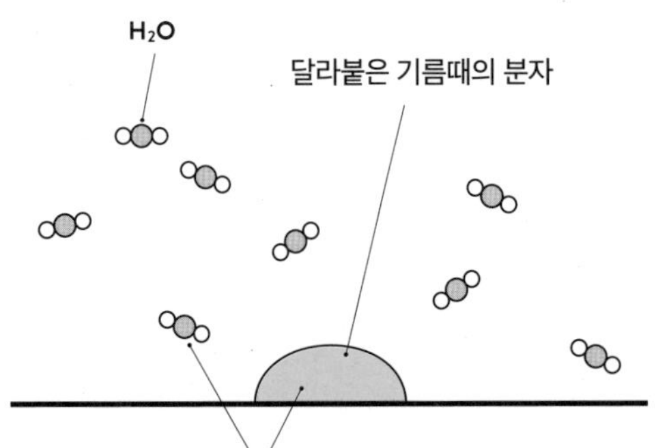

그런데 소금이나 설탕처럼 물에 녹는 분자일 경우는 어떨까? 다음 페이지의 그림에서 보듯이, 물 분자와 더러움이 서로를 전기적으로 끌어당기기 때문에 더러움을 비교적 쉽게 세정할 수 있을 것이다. 이것은 소금이나 설탕을 물에 녹이는 것과 같은 원리다(37쪽, 46쪽).

그렇다면 기름때는 기름에 녹여서 씻어 내는 것이 이치에 맞을 것이다. 그러나 기름은 물과 달리 건조시키기가 어렵다. 쉽게 마르는 기름도 있기는 하지만, 하나같이 인화성이 높아서 매우 위험하다. 여기에 대량

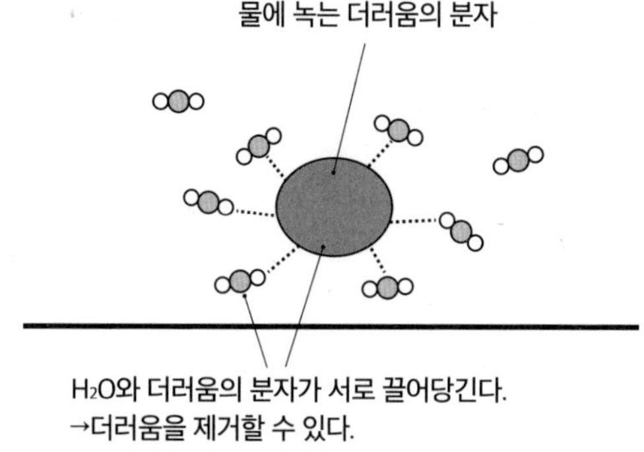

의 기름을 폐기하는 것도 상당히 고생스럽기 때문에 이 방법으로 세정하는 것은 쉬운 일이 아니다.

그래서 비누가 출동하는 것이다.

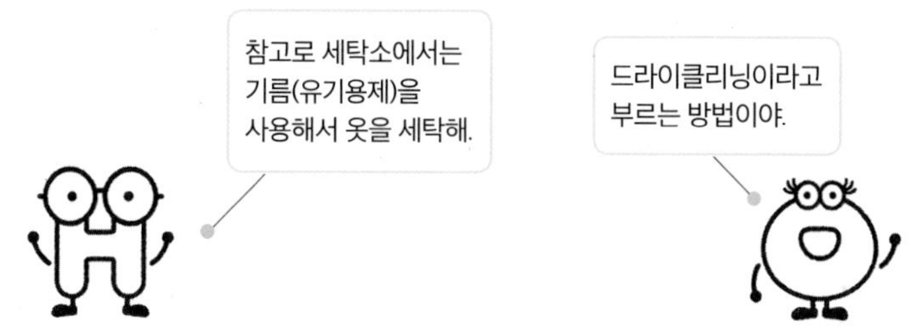

그러면 다시 한번 비누 분자의 구조를 자세히 살펴보자.

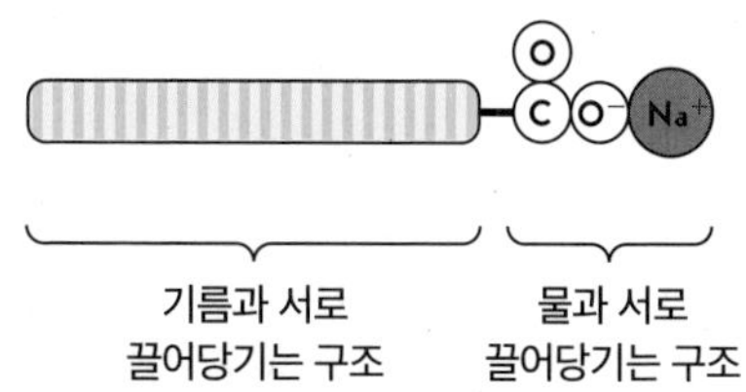

왼쪽은 탄소와 수소의 조합이 잔뜩 나열되어 있기 때문에 기름과 같은, 즉 물과는 섞이지 않는 구조다.

그렇다면 오른쪽의 구조는 어떨까? 사실 109쪽에서는 명확히 말하지 않았지만, 오른쪽 끝의 나트륨과 산소는 각각 플러스와 마이너스 전기를 띠고 있다. 플러스가 되기 쉬운 나트륨과 마이너스가 되기 쉬운 산소 원자로, 이온 상태가 되어 있다. 이 부분은 소금(Na^+와 Cl^-)에 가까운 구조이기에 물에 잘 녹는 부분이라고 할 수 있다.

다시 말해 비누 분자는 하나의 분자 속에 기름과 같은 구조(기름때 쪽으로 모이는 부분)와 물에 잘 녹는 구조(물과 서로 끌어당기는 부분)가 함께 있다는 말이다.

이것이 중요한 포인트가 된다.

비누 분자는 물에 녹으면 나트륨 이온(Na^+)과 마이너스 전기를 띤 그 밖의 부분으로 분해된다. 물 분자의 영향 때문이다. 이것은 소금이 물에 녹을 때와 같으니 확인해 보기 바란다(37쪽).

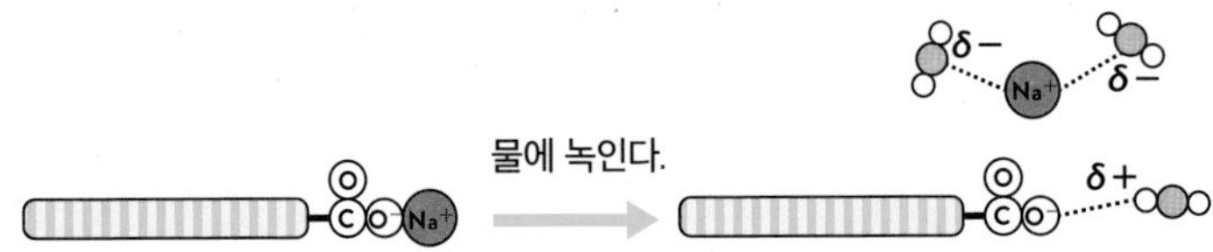

알기 쉽도록 물에 녹은 비누 분자를 간략화한 모식도를 그려 보겠다.

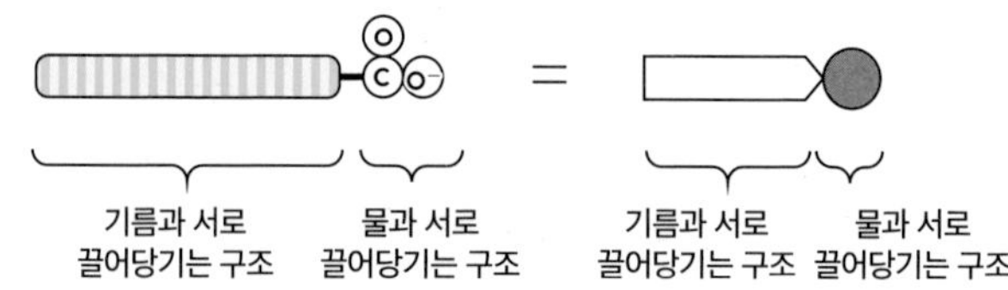

보다시피 매우 단순해 이 그림으로 세정에 관해 설명하겠다.

118쪽 그림의 1은 기름때가 세탁물이나 두피, 식기 등에 달라붙어 있는 상태를 나타낸 것이다. 대량으로 존재하는 물 분자는 생략했다. 이제 우리가 평소에 하듯이 비누(세제나 샴푸)를 사용해서 씻어 보자(그림의 2). 비누 분자는 물속에서 기름때를 발견하면 기름과 같은 구조 부분을 기름때에 접근시킨다. 그 모습을 나타낸 것이 그림의 3이다. 한편 비누 분자의 이온 부분은 기름때로부터 멀어져 주위에 있는 물 분자의 방향을 향한다.

이렇게 해서 비누 분자들은 기름때의 주위를 둘러싸게 된다. 기름과 같은 구조는 기름때를 향하고, 이온 부분은 물과 서로 끌어당기는 것이다. 이어서 그림의 4와 같이 물속에서 기름때가 떠오른다. 이제 물로 씻어 내면 기름때를 제거할 수 있을 것이다.

이것이 비누를 이용한 세정의 원리다.

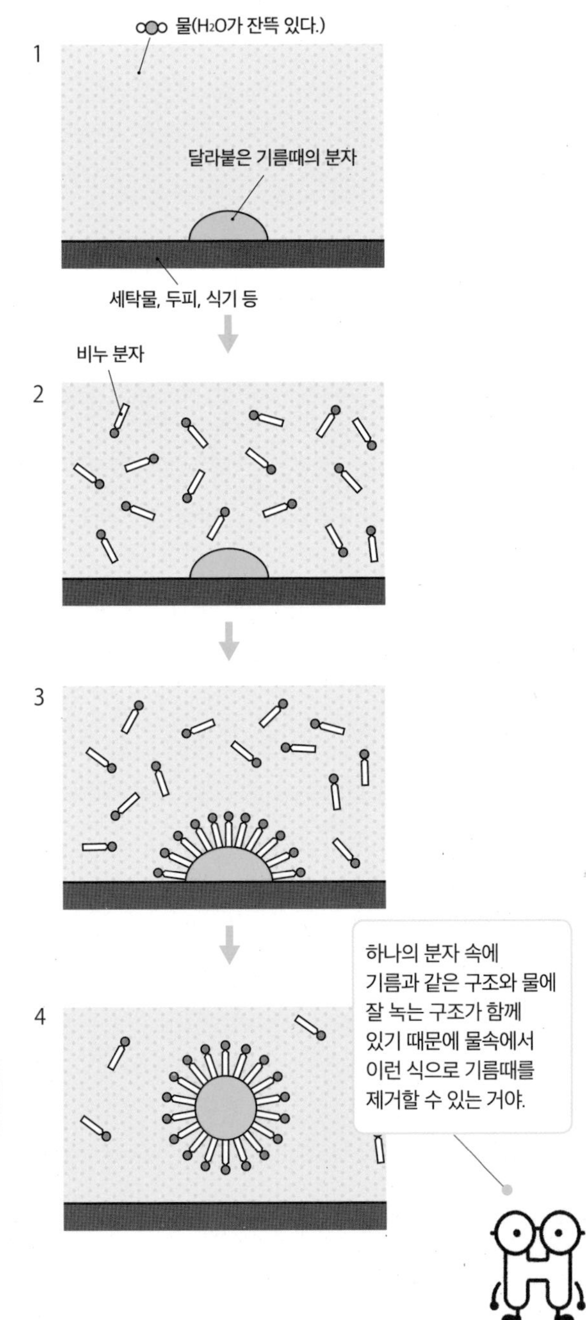
물(H_2O가 잔뜩 있다.)
1
달라붙은 기름때의 분자
세탁물, 두피, 식기 등
비누 분자
2
3
4
하나의 분자 속에
기름과 같은 구조와 물에
잘 녹는 구조가 함께
있기 때문에 물속에서
이런 식으로 기름때를
제거할 수 있는 거야.
비누 분자가
기름때를 둘러쌌어!

오늘날 연구자들은 다양한 구조의 비누 분자를 개발하고 있으며, 그 비누 분자들은 우리 주변의 세제나 샴푸 속에서 활약하고 있다.

그런데 비누 거품의 정체는 무엇일까? 바로 비누 분자가 더러움이 아니라 공기를 감싸면서 만들어진 막이다. 그림으로 나타내면 다음과 같다. 역시 이온 부분이 물 쪽을 향하고 있음을 알 수 있다.

비누 분자가 공기를 감싸고 잘 찢어지지 않는 막을 만들어낸다.

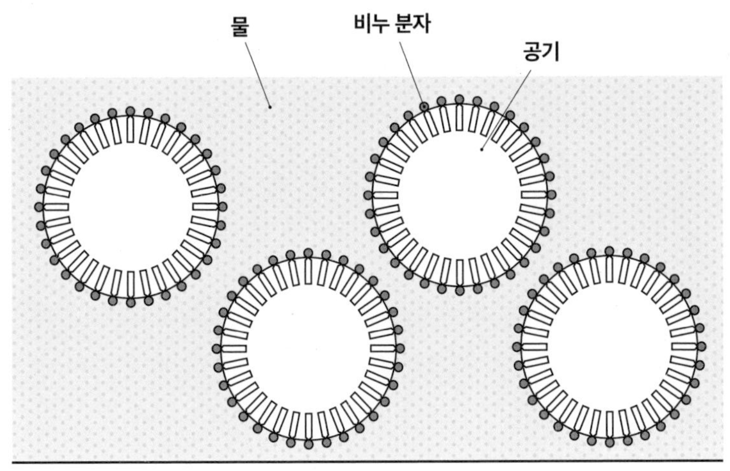

그리고 이 거품이 공기 중에 떠오르면 비눗방울 상태가 된다.

이것을 분자의 수준에서 살펴보면 어떻게 되어 있을까? 다음의 그림은 그 구조를 나타낸 것이다. 공기가 얇은 물의 막으로 덮여 있고, 그 막의 안쪽과 바깥쪽에 비누 분자가 나열되어 있다. 여기에서도 이온 부분은 물의 방향을 향하고 있음을 알 수 있다.

역시 비누 분자의 힘으로 잘 찢어지지 않는 막이 만들어진 것이다.

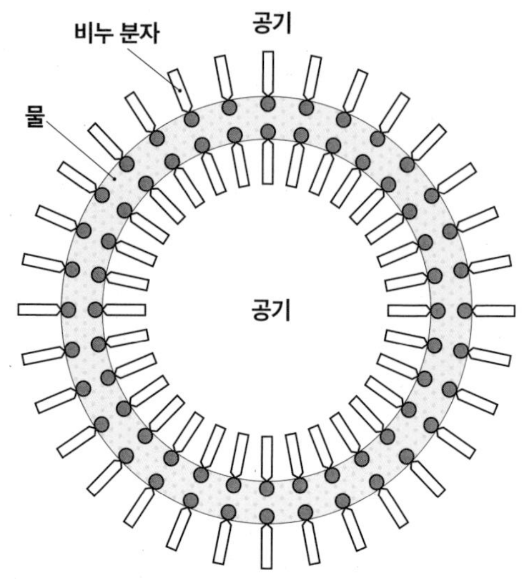

6 머리카락과 단백질

욕실에서는 머리를 감거나 헤어스타일을 다듬기도 할 것이다. 그런데 우리는 머리카락에 대해 얼마나 알고 있을까? 그래서 머리카락을 분자의 수준에서 살펴보겠다.

먼저 머리카락의 단면을 확대해서 들여다보자.

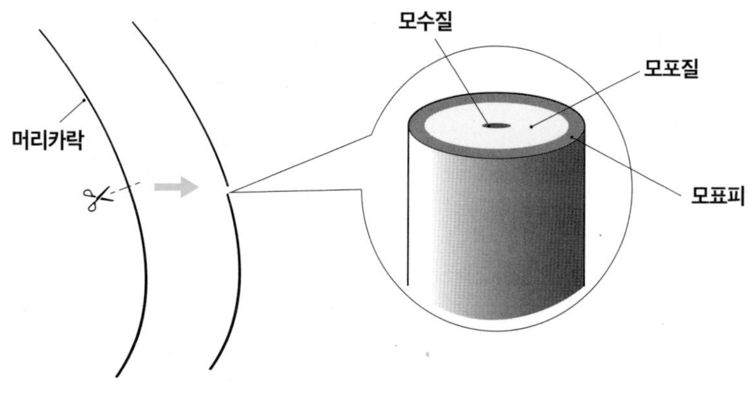

바깥쪽 층과 안쪽 층, 중심 부분이 보이는데, 바깥쪽부터 순서대로 모표피, 모포질, 모수질이라고 부른다. 머리카락은 대략 이 세 부분으로 구성되어 있다.

바깥쪽의 큐티클은 아마도 종종 들어 봤을 것이다. 머리카락의 윤기나 감촉과 관련이 있는 부분이다.

모포질은 머리카락의 강도와 탄력, 빛깔과 관계가 있다.

모수질은 머리카락의 심에 해당하는 부분으로, 작은 빈 공간이 잔뜩 존재한다. 그래서 단열 효과가 있다고도 하지만, 모수질의 상세한 역할에 관해서는 아직 밝혀진 것이 별로 없다.

그런데 머리카락의 주된 성분은 무엇일까?

바로 단백질이다.

단백질이라는 말은 흔히 들어 봤을 터인데, 이것은 우리 몸의 곳곳에 존재한다. 우리의 몸속은 단백질로 가득한 것이다. 머리카락뿐만 아니라 피부나 손발톱도 단백질이고, 근육과 장기도 단백질이다.

그 밖에도 많이 있다! 혈액 속에서 산소를 운반하는 것으로 알려진 헤모글로빈도 단백질이며, 앞에서 설명했던 여러 가지 효소들도 단백질이다. 또한 미각에 관한 설명에서 언급한 II형 세포의 수용체, 냄새(사이클로덱스트린)와 관련하여 다루었던 수용체도 단백질이다(49쪽, 58쪽).

인간에게 단백질은 매우 중요한 존재인 것이다.

그런 단백질은 우리 몸의 세포 속에서 만들어진다. 세포에 관해 3장에서 설명했듯이(48쪽), 인간의 몸은 약 37조 개의 세포로 이루어져 있다. 단백질은 세포 속에서 만들어진 뒤 그대로 세포 속에서 사용되거나 세포 밖으로 보내져서 사용된다. 설탕이나 냄새 분자의 수용체처럼 세포의 표면에서 사용되기도 한다.

이처럼 다양한 분야에서 활약하고 있는 단백질은 어떤 구조를 가지고 있을까? 간단히 말해서 아미노산이라는 분자가 잔뜩 연결되어서 만들어진 것이 단백질이다. 그렇다면 아미노산은 무엇일까? 아미노산의 구조를 분자의 수준에서 살펴보겠다.

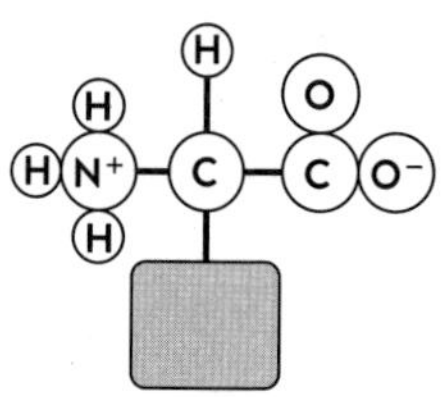

한가운데 위치한 탄소 C에 H와 H_3N^+, COO^-가 달라붙어 있다. 그리고 마지막 하나는 사각형의 모식도로 나타냈는데, 이곳에는 여러 가지 구조가 들어간다. 이러한 구조를 가진 분자가 아미노산이다. 그림에서 보는 것처럼, 아미노산은 플러스 전기와 마이너스 전기가 떨어진 곳에 존재하는 분자로, 이런 유형의 분자도 있다.

그렇다면 사각형으로 표시한 모식도 부분은 구체적으로 어떤 구조일까? 예를 들면 다음과 같은 구조가 들어가며, 각각의 아미노산에는 이름이 붙어 있다.

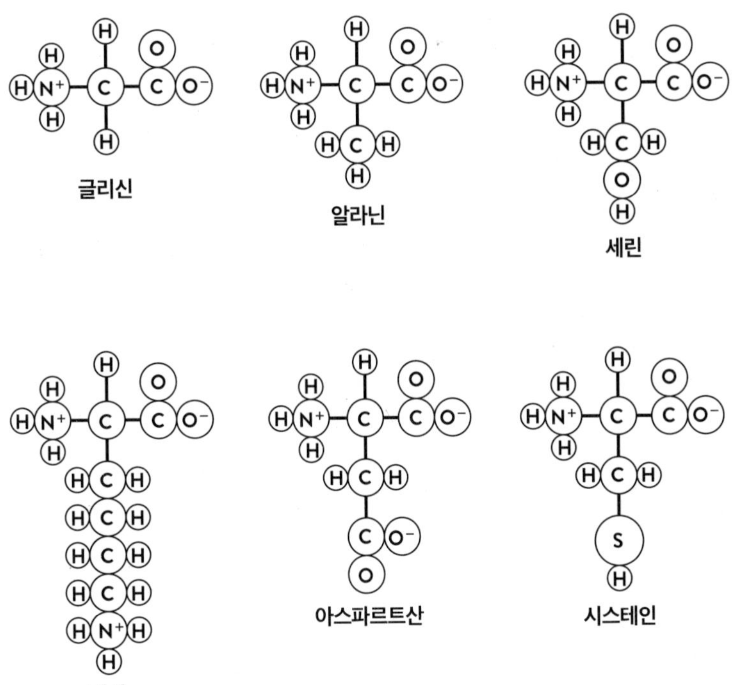

수소 H가 붙어 있는 글리신, 탄소와 수소의 조합인 CH_3가 붙어 있는 알라닌, 여기에 수산기(OH)가 붙어 있는 세린, 여기에 또 하나의 H_3N^+나 COO^-가 붙어 있는 리신과 아스파르트산도 있다. SH 같은 황이 포함되어 있는 시스테인도 있다. 아미노산에는 그 밖에도 다양한 종류가 있다.

참고로 우리 몸의 단백질을 만드는 데 필요한 아미노산은 20종류다. 아미노산이 함유된 상품 중에는 아미노산의 이름을 강조하여 광고하는 경우도 있으므로 들어 본 적 있는 이름도 있을 것이다. 아미노산은 단백질의 재료이다.

이처럼 아미노산에는 다양한 종류가 있다. 그리고 이런 아미노산이 잔뜩 연결되면 단백질이 된다. 다음 그림은 단백질의 구조를 나타낸 것으로, 아미노산이 서로 연결되어 있다는 것을 알 수 있다.

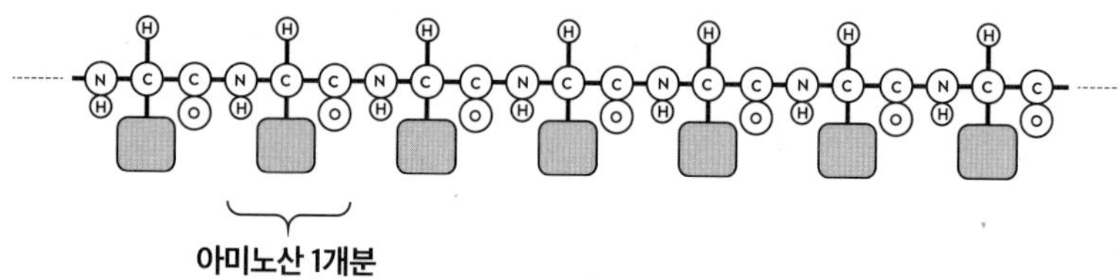

아미노산 1개분

아미노산에 공통적으로 존재하는 H_3N^+와 COO^-의 부분이 연결되어서 단백질이 만들어진다. 다만 실제로는 복잡한 과정을 거쳐 세포 속에서 단백질이 만들어진다.

흔히 이야기하는 DNA는 세포 속에 존재하는데, 그 역할은 단백질의 설계도 같은 것이다.

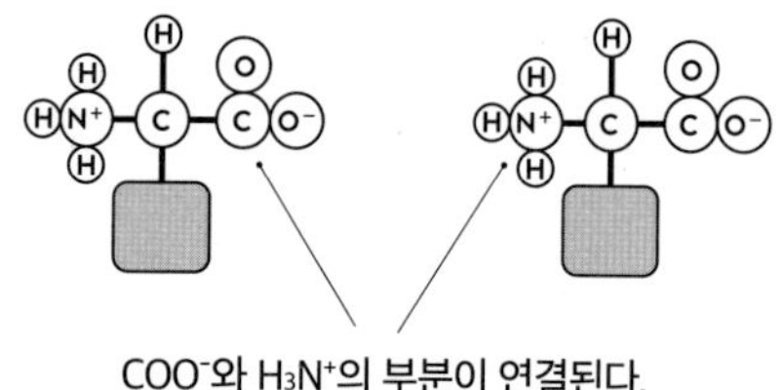

COO^-와 H_3N^+의 부분이 연결된다.

그런데 단백질의 종류에 따라 아미노산이 연결되는 수가 달라진다. 또한 사각형의 모식도로 표시한 각각의 부분에는 우리 몸의 경우, 앞에서 말한 대로 20종류의 아미노산 구조 중 하나가 들어간다. 연결되는 아미노산의 수와 종류가 다양하기 때문에 다종다양한 단백질이 만들어진

다. 그리고 최종적으로는 아미노산이 길게 이어진 것이 접히거나 다른 분자가 달라붙거나 해서 몸의 곳곳에서 활약한다.

그러면 머리카락의 이야기로 돌아가자. 머리카락은 수많은 단백질(주로 케라틴)로 만들어져 있는데, 그 단백질들은 이웃한 단백질과 화학적인 힘으로 서로를 끌어당긴다. 다음 그림은 단백질이 나열되어 있는 모습을 간략화한 것이다. 이해하기 쉽도록 일직선으로 나열했다.

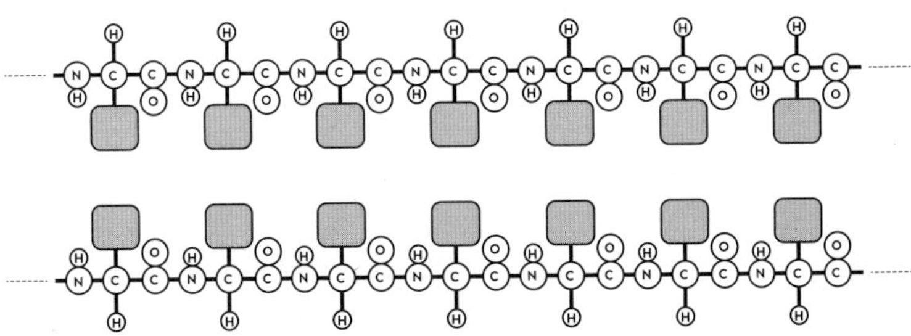

다음 그림은 단백질이 나열되어 있는 모습을 세로 방향으로 나타낸 것이다. 그림 A, B, C를 보면 각각의 단백질들이 다른 종류의 힘으로 서

로를 끌어당기는 것을 알 수 있다.

그림 A는 이온 결합, 그림 B는 수소 결합, 그림 C는 이황화(다이설파이드) 결합이다. '결합'은 2개 이상이 서로 연결되어서 하나가 되는 것을 뜻하는데, 화학의 세계에서도 분자 2개가 화학적인 힘으로 서로를 끌어당겨서 하나의 분자가 되면 "결합했다"라고 말한다.

그런데 사실은 완전히 하나의 분자가 되지 않더라도 약한 힘으로 느슨하게 서로를 끌어당기면 "○○결합이 있다"라든가 "○○결합으로 끌어당기고 있다"라고 말한다. 이 점은 일반적으로 사용하는 '결합'이라는 단어의 이미지와 다를지도 모른다.

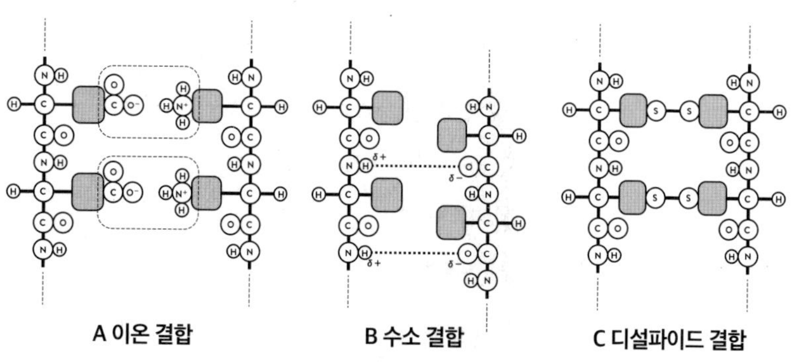

A 이온 결합　　B 수소 결합　　C 디설파이드 결합

A는 이온의 플러스와 마이너스가 서로 끌어당김을 보여주는 그림이다. 아미노산인 리신과 아스파르트산은 사각형으로 나타낸 구조 속에 플러스나 마이너스 전기를 띠는 곳이 있는데, 이 부분이 서로 끌어당기는 것이다. 이것은 이온끼리의 전기적인 결합이기 때문에 이온 결합이라고 부른다.

B는 수소의 약한 플러스 전기를 띠는 곳(δ+)과 산소의 약한 마이너스 전기를 띠는 곳(δ−)이 서로 끌어당기는 그림이다. 이 모습은 설탕이 물

에 녹을 때 작용하는 힘과 비슷하다(45쪽). 이것은 수소의 δ+가 관여하기 때문에 수소 결합이라고 부른다. 이 결합은 약한 플러스 전기를 띠는 부분과 약한 마이너스 전기를 띠는 부분이 서로 끌어당기는 것이므로 이온 결합보다 힘이 약하다.

마지막인 C는 황 S와 황 S가 직접 결합한 그림이다. 아미노산인 시스테인에는 SH 부분이 있는데, 이 SH 부분끼리 결합한 것으로서 이것을 다이설파이드 결합이라고 부른다. 참고로 본래 황 S에 달라붙어 있었던 H(수소 원자)는 제거된다.

지금까지 세 종류의 결합이 등장했다. (A)플러스와 마이너스 이온처럼 전기적으로 서로를 끌어당기는 이온 결합과, (B)전기적인 약한 힘으로 서로를 끌어당기는 수소 결합, 그리고 (C)원자와 원자가 직접 달라붙는 다이설파이드 결합이다.

일반적으로 원자와 원자가 직접 연결되는 결합을 '공유 결합'이라고 부른다. H–H나 C–C, C–O 등 이 책에서 등장한 수많은 결합이 여기에 해당하며, 황과 황이 직접 결합할 경우는 특별히 '디설파이드 결합'이라고 부른다.

7 파마의 화학

이번에는 머리카락과 관련된 파마 이야기를 해 보겠다.

파마약은 주로 모포질에 작용하는데, 모포질을 확대해서 들여다보면 단백질과 단백질이 연결되어 있음을 알 수 있다. 126쪽에서는 세 종류의 결합 A, B, C를 따로따로 그렸지만 실제로는 뒤섞여서 존재하는데, 파마를 할 때는 이 결합들이 크게 영향을 받는다.

그러면 파마를 할 때 이 결합들이 어떻게 되는지 살펴보자.

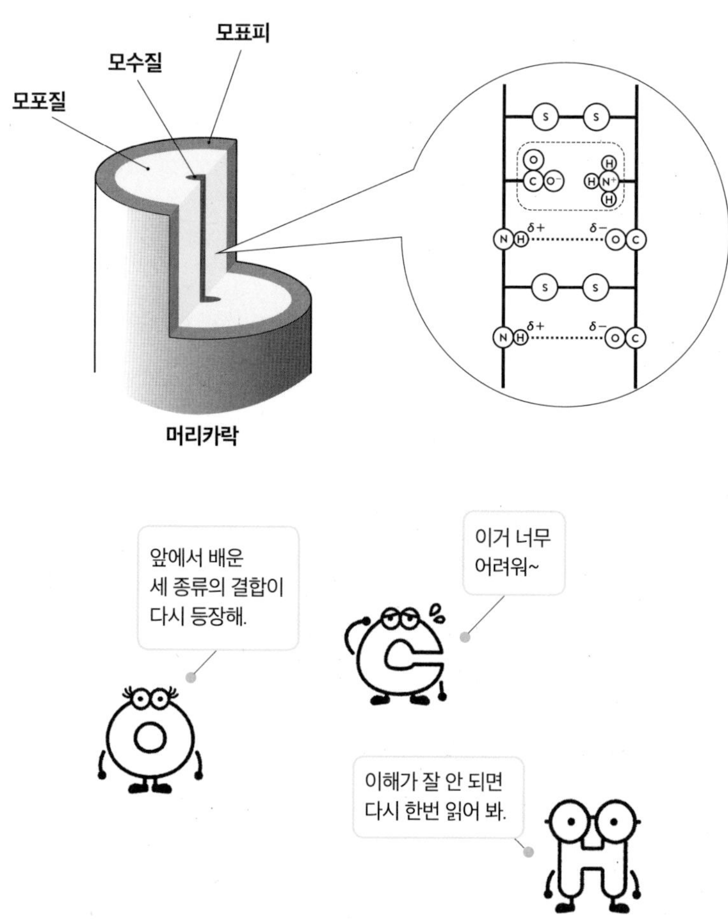

예를 들어 머리카락 속의 단백질이 다음 쪽의 그림처럼 나열되어 있다고 가정하자. 이해하기 쉽도록 A, B, C의 결합을 순서대로 나열했다. 그러면 이제 파마를 시작하자.

먼저 머리카락을 물에 적신다. 그러면 물, 즉 H_2O가 대량으로 들어온다. 그리고 H_2O의 약한 플러스 전기를 띠는 부분, 약한 마이너스 전기를 띠는 부분의 영향을 받아 단백질의 수소 결합(B의 결합)이 끊어진다. 이온 결합(A의 결합)이나 디설파이드 결합(C의 결합)은 끊어지지 않는다.

이처럼 A, B, C의 결합 가운데 B의 수소 결합이 가장 약하다. 물로 씻기만 해도 끊어질 정도다. 참고로 끊어졌던 수소 결합은 젖은 머리카락을 말리면 부활한다.

미용사에게 파마 시술을 받거나 직접 해본 적이 있는 사람은 알겠지만, 파마를 할 때는 두 종류의 파마약을 사용한다. 이것을 1제, 2제라고 부르는 경우가 많다.

1제에는 A의 결합을 끊는 성분과 C의 결합을 끊는 성분이 들어 있다. 이온 결합(A)을 끊는 성분은 알칼리제, 디설파이드 결합(C)을 끊는 성분은 환원제라고 부른다. C의 디설파이드 결합은 A, B, C의 결합 가운데 가장 강한 힘으로 연결되어 있다. 그래서 머리카락의 형태를 바꾸려면 이 결합을 끊는 것이 중요한 포인트가 된다.

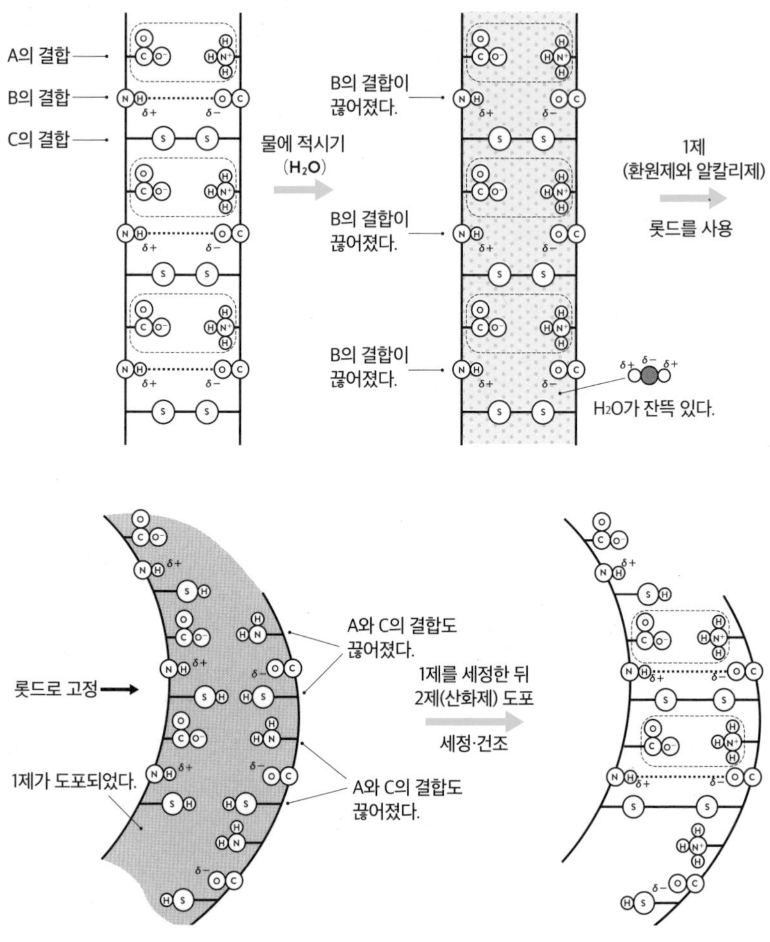

앞에서 알칼리라는 말이 등장했다. 학교에서 '산성'과 '알칼리성'이라는 용어를 한 세트로 배웠을 것이다. 리트머스 시험지의 색을 바꾸고, 그 강도가 pH(피에이치)로 표시되며, 섞으면 중화되는 성질이 있다.

머리카락의 이온 결합은 산성 혹은 알칼리성이 너무 강하면 끊어진다. 파마약의 1제에는 머리카락을 확실히 알칼리성으로 만드는 알칼리제가 들어 있기 때문에 A의 이온 결합이 끊어진다. 그리고 이때 알칼리제의 영향으로 구조가 다음과 같이 변화한다(산인 H^+가 떨어져 나간다). 질소의 플러스 전기가 사라지기 때문에 이온 결합이 성립하지 않게 되는 것이다.

알칼리제에는 암모니아(NH_3)나 모노에탄올아민($HOCH_2CH_2NH_2$)이라는 분자가 사용된다.

한편 환원제는 어떤 약일까? 환원제의 작용으로 C의 디설파이드 결합이 끊어지고, 끊어진 부분에 수소가 달라붙는다. 원래의 형태(아미노산인 시스테인이 가진 SH)로 돌아간 셈이다. 이 반응이 이른바 환원이며, 단백질은 환원된 것이다. 중요한 부분만 살펴보겠다.

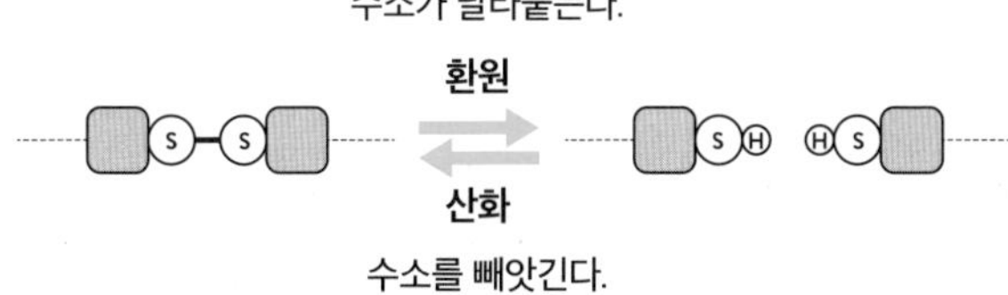

중학교에서는 산소를 얻으면 산화, 산소를 빼앗기면 환원이라고 배웠을 것이다. 그런데 고등학교에서 배우겠지만 사실 산화와 환원의 정의는 여러 가지가 있어서 수소를 얻으면 환원, 수소를 빼앗기면 산화라고

한다. 반대로 SH끼리 달라붙어서 디설파이드 결합이 형성되었을 경우는 단백질이 산화된 셈이 된다.

이 단계에서 머리카락을 롯드에 감아 고정시킴으로써 머리카락을 구불거리는 형태로 만들어 놓는다. 이렇게 함으로써 디설파이드 결합을 포함한 세 종류의 결합이 끊어지는 것이다.

그리고 이 공정이 끝나면 물로 헹군 뒤에 2제를 사용한다. 2제에는 SH를 다시 연결하는 산화제가 들어 있다. 앞에서 이야기했듯이, 디설파이드 결합은 환원제의 작용으로 끊어지지만 산화하면 다시 결합이 형성된다. 그래서 산화를 일으키기 위해 산화제를 사용하는 것이다. 이렇게 해서 디설파이드 결합이 원래의 상태로 돌아가면 롯드를 감아서 만들어 놓았던 형태가 고정된다.

2제를 사용한 뒤 세정, 건조의 공정을 거치면 머리카락이 구불거리는 상태로 모든 결합이 부활하며, 이것으로 파마가 끝난다.

8 눌린 머리카락과 수소의 결합

머리카락과 관련하여 한 가지 이야기가 더 있다.

앞서 파마 이야기에서 설명한 대로 이온 결합은 산성이나 알칼리성으로 만들면 끊어지고 디설파이드 결합은 환원제를 사용하면 끊어진다. 반면에 수소 결합은 물에 젖기만 해도 끊어지며, 머리카락을 말리면 부활한다. 이것은 파마를 할 때도 마찬가지여서 마지막의 건조 공정에서 수소 결합이 부활한다.

그런데 이 수소 결합은 사실 파마를 해본 적이 없는 사람도 흔히 겪는 현상이다. 바로 잠버릇 때문에 생기는 문제다.

여러분도 자고 일어났을 때 눌려 있는 머리카락을 물에 적셔 손을 본 적이 많을 것이다. 이처럼 눌린 머리카락을 물에 적시면 원래의 상태로 돌아가는 현상은 수소 결합과 깊은 관계가 있다. 물 분자가 수소 결합을 끊어 주는 동안 머리카락이 원래의 상태로 돌아가며, 머리카락을 말리면 수소 결합이 되살아나는 것이다.

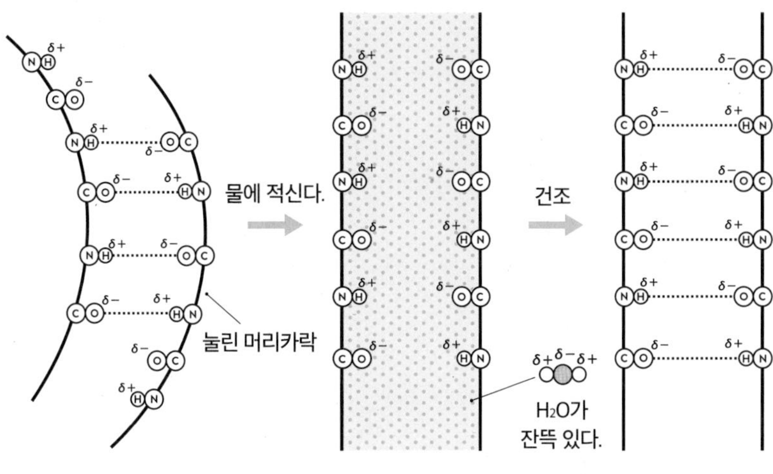

반대로 머리카락이 젖은 상태에서 잠을 잔다는 것은 수소 결합이 끊어진 상태에서 잔다는 뜻이다. 그러면 자는 동안 자연 건조되어 수소 결합이 부활하기 때문에 당연히 머리카락이 심하게 눌릴 수밖에 없다.

9 오줌의 성분은 NaCl, CH_4N_2O

4장도 이제 막바지에 접어들었다. 이번에는 욕실에 있는 변기를 화학적인 관점에서 살펴보자.

맨 먼저 소변, 즉 오줌은 대부분이 물이다. 그리고 물 이외에 다음과 같은 성분이 들어 있다.

NaCl 1.5%
요소 1.7%
암모니아 0.04%
기타 0.7%

이 성분들을 전부 합쳐도 4퍼센트가 채 안 된다. 오줌의 성분으로 잘 알려진 암모니아(NH_3)는 사실 거의 들어 있지 않다(0.04퍼센트). 물을 제외하면 오줌의 주된 성분은 NaCl과 요소(尿素)다.

NaCl은 쉽게 말해 소금인데, 우리의 몸속에서 Na^+(나트륨 이온)와 Cl^-(염화 이온)의 형태로 여러 가지 활동을 한다. 단순히 짠맛을 내기만 하는 것이 아니라는 말이다. 예를 들면 신경의 정보를 전달하는 데도 기여한다. 2장에서 미각 신경과 후신경이 각각 미각과 후각의 정보를 뇌에 전달한다고 설명했다(49쪽, 58쪽). 그리고 신경을 통한 정보의 전달은 화학 물질과 전기 신호에 의해 이루어진다. 대표적인 화학 물질로는 노르아드레날린이나 아세틸콜린이 있다.

Na^+와 Cl^-는 전기를 띠는 이온이다. 그래서 전기 신호를 만들어내는 데 사용되는 것이다. 그 밖에 칼륨 이온(K^+)이나 칼슘 이온(Ca^{2+})도 우리

의 몸속에서 정보 전달에 이용된다.

이런 이온들은 미각 신경과 후신경뿐만 아니라 운동 신경이나 자율 신경 등을 통한 정보의 전달에도 사용되고 있다. 운동 신경은 그 이름처럼 운동을 하기 위한(근육을 움직이기 위한) 신경이고, 자율 신경은 호흡 · 체온 조절 · 소화 · 배설 등 생명을 유지하는 데 필요한 신경이다. 우리의 뇌는 척추 속에 있는 척수라는 장소를 통해서 몸의 온갖 장소와 연락을 한다. 그리고 몸의 온갖 장소(피부, 눈, 귀, 근육 등등)와 척수가 정보를 주고받기 위해 몸 전체에 퍼져 있는 것이 바로 신경이다.

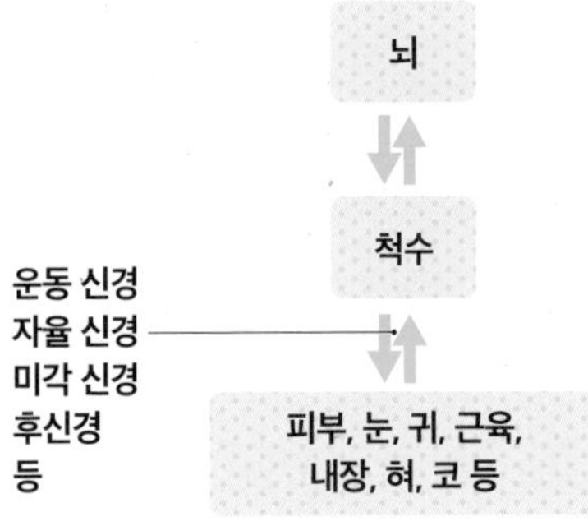

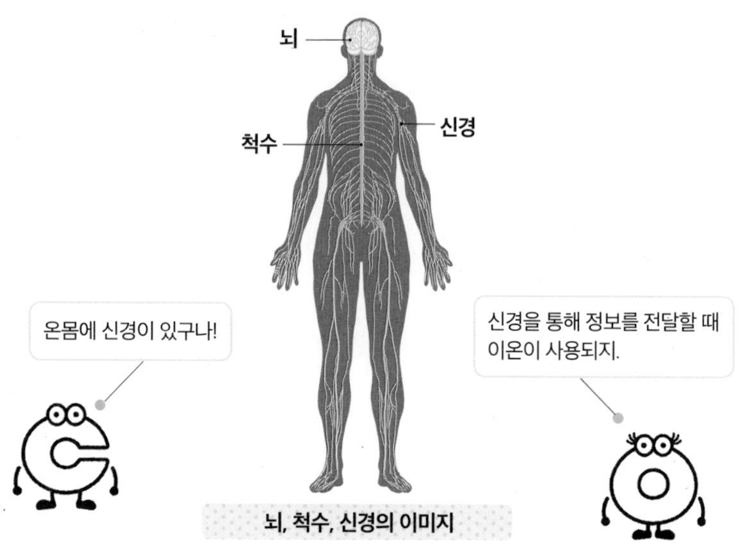

뇌, 척수, 신경의 이미지

그렇다면 또 하나의 주성분인 요소는 어떤 분자일까? 이름에 소(素)가 들어가기 때문에 수소, 산소, 질소 등과 같이 원자의 종류처럼 생각되지만, 사실은 그렇지 않다. 요소의 원소기호 같은 것은 당연히 없으며, CH_4N_2O라는 화학식으로 표현되는 분자다. 앞에서처럼 원형의 그림을 사용해서 자세히 그려 보면 다음과 같다.

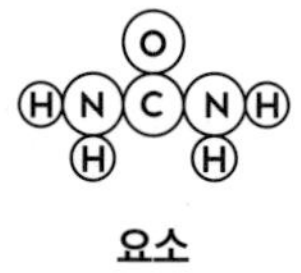

요소

요소는 3대 영양소인 당질, 단백질, 지질 가운데 단백질이 분해되어서 오줌의 성분으로 배출되는 분자다. 단백질은 머리카락에 관해 이야기할 때 등장했는데, 수많은 아미노산이 연결된 구조의 거대한 분자다. 그런 단백질에는 여러 종류가 있어서, 몸의 곳곳에서 다양한 기능을 담당하고 있다.

참고로 당질은 전분이나 수크로스 등을 가리키며, 지질에는 유지(기름과 지방)와 함께 인지질이나 콜레스테롤도 포함된다.

다시 본론으로 돌아가자. 단백질이 분해되면 요소로 변환되어 오줌의 성분이 된다고 말했는데, 어떤 과정을 거쳐서 요소로 변환되는 것일까?

단백질은 고기나 달걀, 생선 등에 풍부하게 들어 있다. 단백질이 들어 있는 음식을 먹으면 식도를 통과해서 위에 도달해, 위액에 포함된 효소에 부분적으로 분해된다. 이어서 위를 지나 소장에 이르면, 췌액(췌장에서 소장의 상부에 분비된다)에 들어 있는 효소와 소장(의 장액)에 존재하는 효소에 분해되어 아미노산이 된다. 효소는 소화에도 힘을 발휘하는 것이다.

분해되어서 생긴 각종 아미노산은 소장에서 흡수된다(아미노산이 몇 개 연결된 채로 흡수되는 것도 있다). 그리고 흡수된 아미노산은 간에 도달해서 다시 분해되어 에너지가 되거나 새로 단백질을 만들기 위한 재료가 된다. 이때 간에 존재하는 효소에 아미노산의 질소 부분이 분해되어 암모늄 이온이라는 분자가 생겨나는데, 이 분자가 역시 간에 존재하는 다른 효소의 작용으로 변환되어서 요소가 된다.

그 후 요소는 혈관을 통해서 운반되어 오줌을 만드는 '신장'으로 간다. 신장은 다음 그림에서 보듯이 허리쪽 뒷부분에 2개가 존재한다.

요소는 이와 같은 경로를 거쳐서 오줌과 함께 배출되는 것이다.

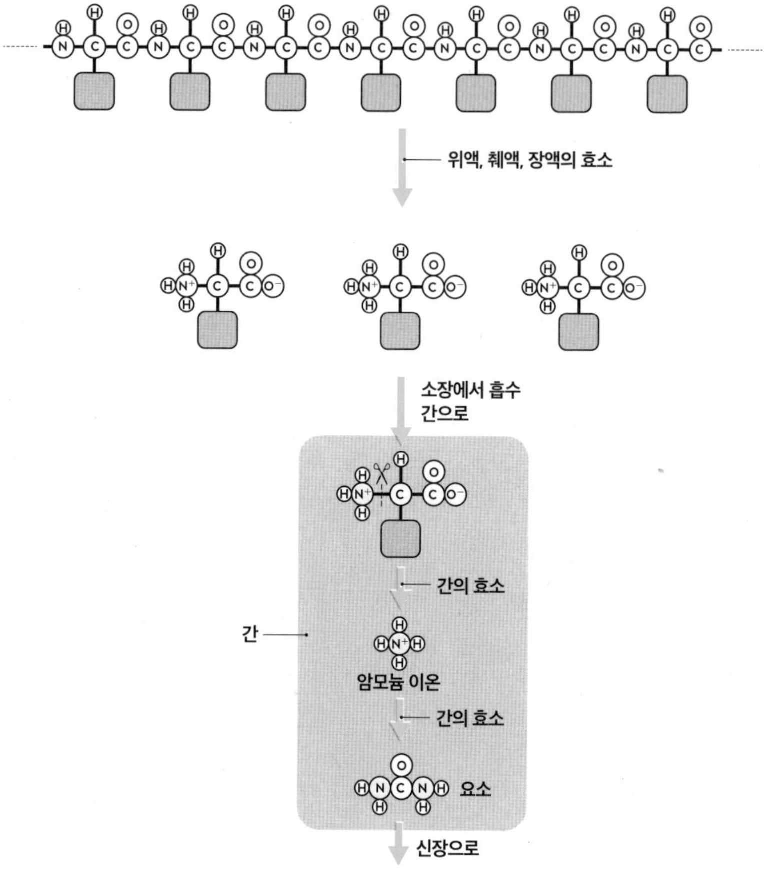

위액, 췌액, 장액의 효소

소장에서 흡수
간으로

간의 효소

간

암모늄 이온

간의 효소

요소

신장으로

다양한 종류의 효소가
단백질 분해에 관여해.
펩신, 키모트립신, 트립신,
펩티데이스 등이 알려져 있지.

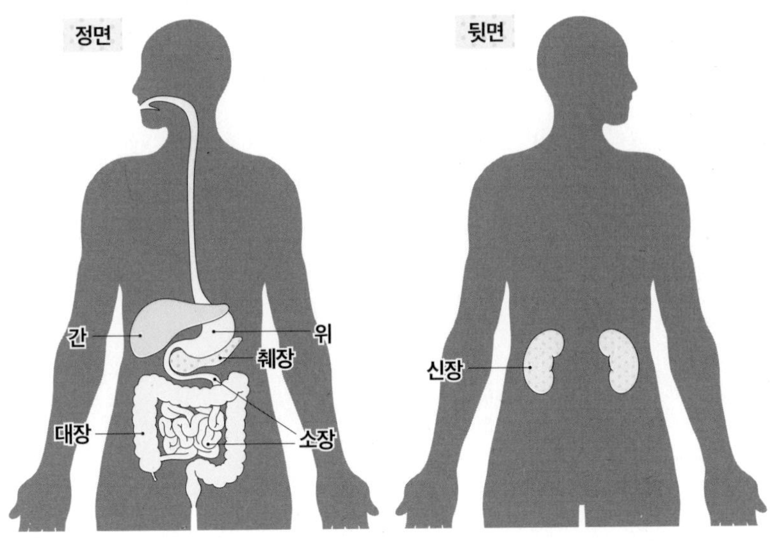

당질이나 지질은 기본적으로 탄소 C와 수소 H, 산소 O로 구성되어 있다. 한편 단백질에는 질소 N이 어느 정도 들어 있으며, 그것이 결국 요소로 변환된다고 볼 수 있다. 먹은 음식이 분해되고, 그중에서 필요 없는 것이 몸 밖으로 나오는 것이다.

당질과 지질이 몸속에서 어떻게 분해 · 흡수되는지는 145쪽 이후에서 자세히 설명하겠다.

지금까지의 설명에서 요소는 아무짝에도 쓸모가 없는 배설물이라는 인상을 받았을 수도 있다. 그러나 요소는 우리 몸에 이상이 생겼을 때 이를 알려 주는 역할도 한다. 즉 우리의 혈액 속에 들어 있는 요소의 양은 신장의 기능을 점검하는 잣대가 되어 주는 것이다(실제로는 요소 속에 있는 질소의 양을 조사하며, 그래서 검사 항목의 명칭도 '요소질소'다).

그 밖에도 요소는 많은 것을 알려 준다. 예를 들어 혈중 요소의 수치가 높을 경우 다음과 같은 상태일 가능성이 있다.

① 신장의 기능이 저하되어 요소를 배출하지 못하고 있다(신부전).

② 탈수(증)로 오줌의 양이 줄어들어 요소를 배출하지 못하고 있다.

③ 단백질을 지나치게 많이 섭취하고 있다.

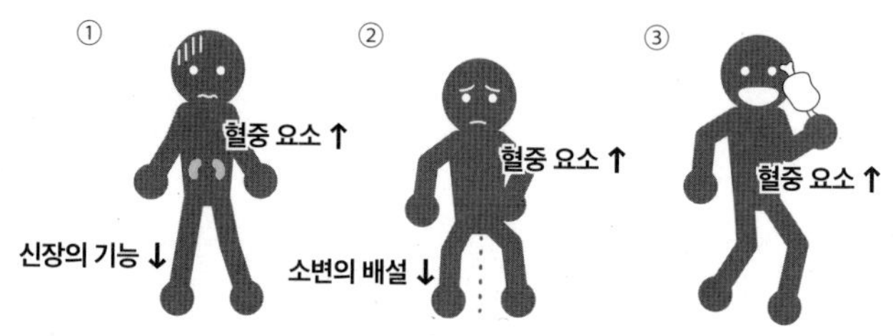

반대로 수치가 낮을 경우는 다음과 같은 요인을 생각할 수 있다.

① 간의 기능이 현저히 저하되어서 아미노산으로부터 요소가 만들어지지 않고 있다(간부전).

② 요붕증(오줌이 지나치게 많이 나오는 병)에 걸려서 요소를 다량으로 배출하고 있다.

③ 단백질의 섭취가 부족하다.

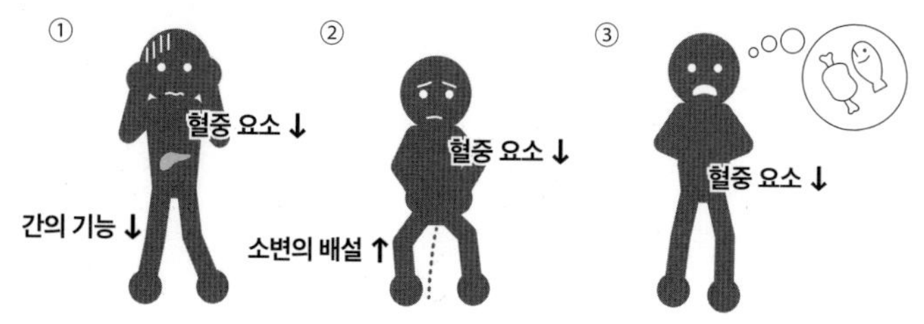

혈액 속에 들어 있는 단백질 분해물의 값을 통해 우리 몸에 생긴 이상을 감지할 수 있는 것이다. 그 밖에도 요소는 핸드크림이나 화장수, 농약 등 다양한 제품을 만드는 데 이용되고 있다.

10 일회용 기저귀의 흡수력 $C_3H_3O_2Na$ ✦조금 더 자세히!✦

이번에는 오줌과 관련된 제품인 일회용 기저귀에 관해 소개하겠다. 사실 일회용 기저귀의 흡수력은 화학의 힘을 이용한 것이다.

일회용 기저귀의 대표적인 소재는 다수의 아크릴산나트륨($C_3H_3O_2Na$)이 연결된 분자다. 그러면 먼저 이 아크릴산나트륨에 관해 설명하겠다. 다음 그림에서 왼쪽은 아크릴산나트륨의 구조를 원형의 그림으로 나타낸 것, 오른쪽은 간략하게 나타낸 것이다. 마이너스와 플러스 이온이 된 부분은 중요하므로 그대로 그렸다.

지금까지 수없이 이야기했지만, 산소 O는 마이너스 전기를 띠기 쉬우며 나트륨 Na는 플러스 전기를 띠기 쉽다.

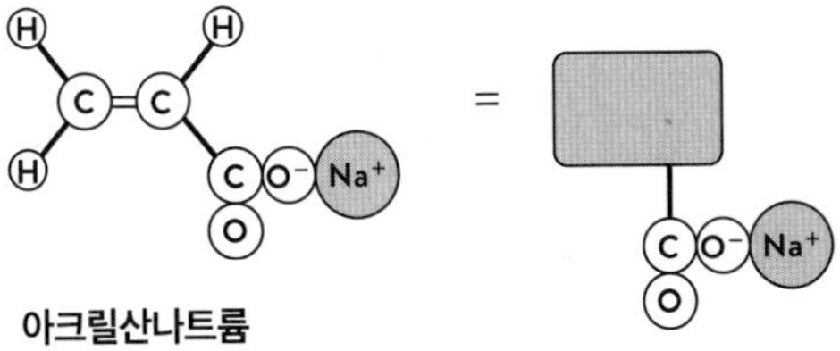

아크릴산나트륨
$C_3H_3O_2Na$

이 부분은 물 분자를 만나면 분리된다. 이것은 소금(NaCl)에 관해 이야기할 때 설명했던 것과 같다. 이 성질은 뒤에서 중요한 포인트가 되니

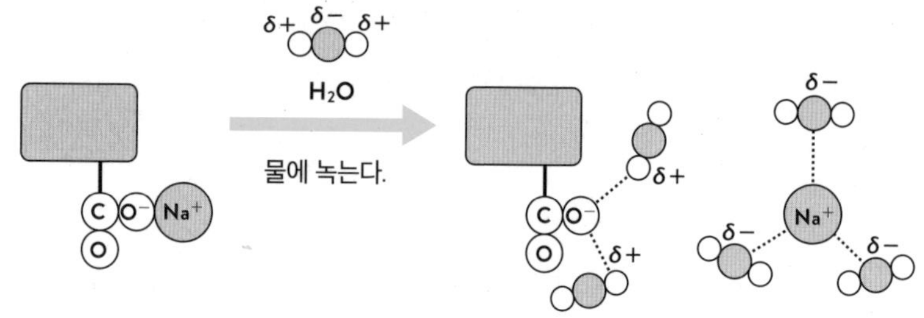

기억해 두기 바란다.

이 아크릴산나트륨이 잔뜩 연결된 것이 폴리아크릴산나트륨으로, 이 분자가 일회용 기저귀의 수분을 흡수하는 소재로 사용된다. 아크릴산나트륨 앞에 '폴리'가 붙었을 뿐인데, '폴리'는 '많은'이라는 의미다. 폴리아크릴산나트륨의 모식도는 다음과 같다.

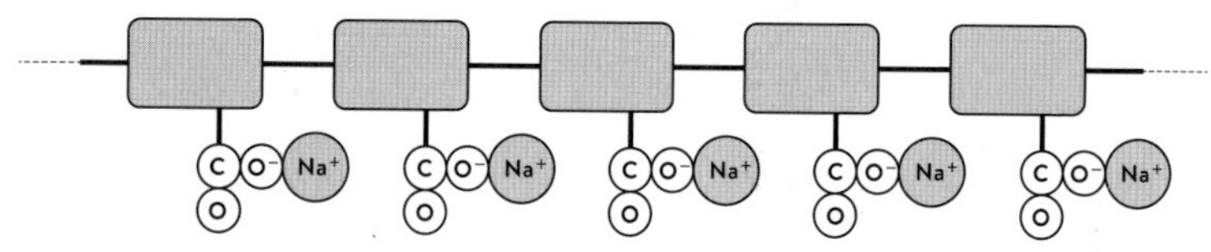

보다시피 아크릴산나트륨의 사각형 부분이 잔뜩 연결되어 있다. 다만 실제로는 그림처럼 직선상의 구조가 아니다. 폴리아크릴산나트륨의 실제 구조는 다음 그림과 같다. 사각형 부분은 생략했는데, 실제 폴리아크릴산나트륨은 구슬 같은 구형(그림에서는 원형으로 표시했다)이며 일회용 기저귀 속에 들어 있다. 이 구슬은 그림에서 보듯이 입체적인 그물 형태의 구조를 띠고 있으며, 확대해 보면 확실히 플러스 전기를 띠는 부분과

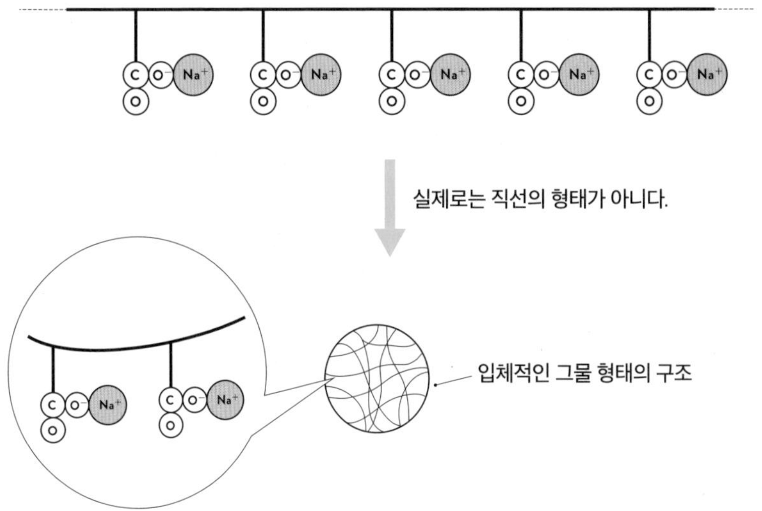

마이너스 전기를 띠는 부분이 있다.

그러면 흡수 이야기로 넘어가자. 이 분자에 물(H_2O)이 들어오면 그물 형태의 구조가 확대된다. 다음 그림은 그 모습을 나타낸 이미지다(물 분자는 생략했다). 사실은 그림에서 보듯이 폴리아크릴산나트륨과 폴리아크릴산나트륨을 연결하는 구조가 있으며, 이로 인해 그물 형태의 구조가 성립한다.

물이 들어오면 플러스 전기를 띠는 부분(나트륨 이온)과 마이너스의 전기를 띠는 부분(본체)이 분리된다. 그리고 본체에 계속 붙어 있는 마이너스 전기를 띠는 부분(COO^-)이 마이너스 전기끼리 반발함으로써 그물코가 점점 넓어진다.

이렇게 해서 물을 계속 빨아들이며 구슬 형태의 폴리아크릴산나트륨이 부풀어 오른다.

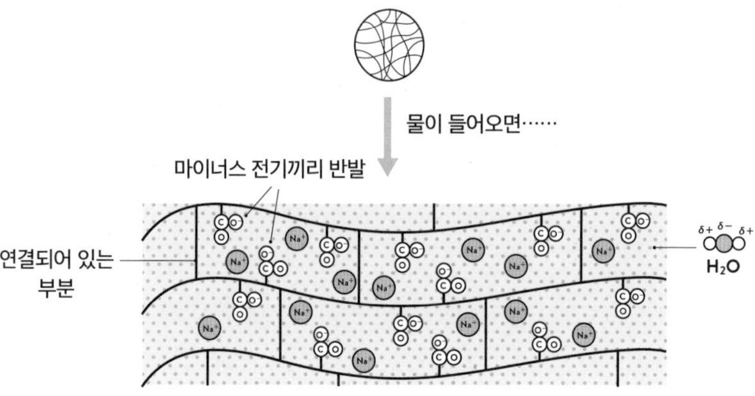

참고로 그물 모양의 구조가 물 분자를 가두기 때문에 물 분자는 도망치지 못한다. 그래서 폴리아크릴산나트륨 1그램이 1,000그램 정도(약 1리터)의 물을 흡수할 수 있다. 그리고 앞에서 이야기했듯이, 오줌의 성분은 대부분이 물이기 때문에 폴리아크릴산나트륨이 오줌을 흡수하는 것이다. 물론 오줌 속에 들어 있는 성분의 영향 때문에 물만큼 흡수하지는 못하지만, 그래도 폴리아크릴산나트륨 1그램이 50그램 정도의 오줌을 흡수할 수 있다.

이와 같이 일회용 기저귀의 흡수 기능도 물 분자의 영향을 받아 플러스와 마이너스가 분리되는 원리를 이용한 것이다.

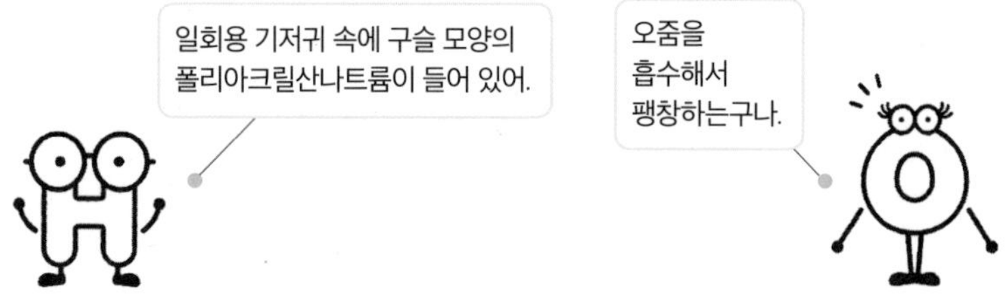

11 똥은 소화의 과정이다

이번에는 오줌에 이어 '똥'의 이야기다. 똥은 어떤 성분으로 이루어져 있을까?

그보다 먼저 음식물이 어떻게 소화되는지부터 알아보자. 앞에서 이야기했듯이 음식물 속의 주 영양소는 당질, 단백질, 지질이다. 이 영양소들은 타액과 위액, 췌액 등에 의해 분해된 뒤 소장에서 흡수된다. 단백질이 분해되는 과정은 요소에 관해 이야기할 때 설명했으므로 여기에서는 당질과 지질에 관해 살펴보겠다.

당질은 지금까지 몇 차례 등장한 전분(아밀로스와 아밀로펙틴)이나 수크로스 등을 가리킨다. 각각 쌀과 설탕의 주성분인데, 전분은 쌀 이외에도 빵·면류·감자류 등에 들어 있다. 요컨대 우리 식탁에는 전분이 넘쳐난다.

그러면 아밀로스와 수크로스를 예로 들어 당질의 소화에 관해 설명하겠다. 먼저 아밀로스는 글루코스 200~300개가 곧게 연결되어 있는 분자다(51쪽). 다음 그림은 육각형의 모식도로 나타낸 글루코스를 연결해 아밀로스로 만든 것이다. 이 분자는 타액에 들어 있는 효소로 분해된 뒤 다시 췌액의 효소에 의해 분해되는데, 타액에 들어 있는 효소도 췌액에 들어 있는 효소도 아밀레이스라고 부른다. 아밀로스를 분해한다고 해서 아밀레이스인 것이다. 이런 과정을 거쳐서 주로 글루코스가 2개 붙은 상태가 된다.

그리고 소장의 장액에 들어 있는 효소에 의해 또다시 분해된다. 이 효소를 말테이스라고 부르는데, 사실은 글루코스가 2개 붙은 분자를 말토스라고 부른다. 요컨대 말토스를 분해한다고 해서 말테이스인 것이다.

아밀로스는 이런 식으로 분해되어 최종적으로 글루코스가 된다. 이와 같은 과정을 거쳐 글루코스가 소장에서 흡수되는 것이다. 그런 뒤에는 또다시 분해되어 에너지가 된다.

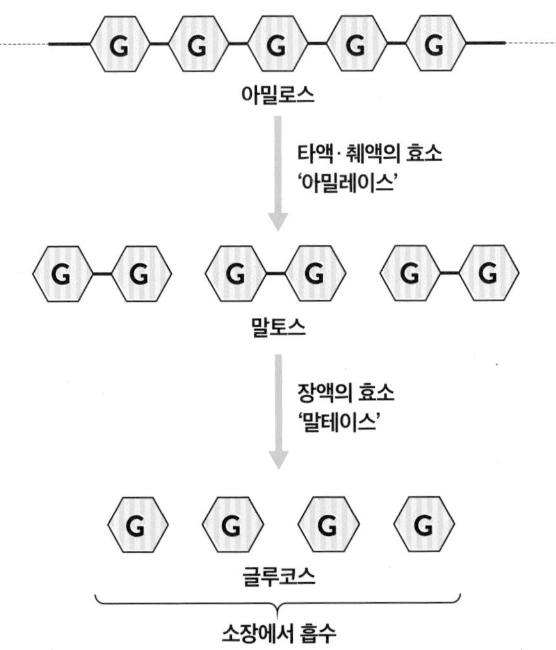

이어서 수크로스의 분해를 살펴보자. 수크로스는 아밀로스에 비하면 훨씬 작은 분자로, 장액에 존재하는 효소인 수크레이스에 의해 글루코스와 프럭토스로 분해된다. 수크레이스는 앞에서도 설명한 바 있으며, 이 효소도 수크로스를 분해한다고 해서 수크레이스다.

그 후 글루코스도 프럭토스도 소장에서 흡수되고 또다시 분해되어 에너지가 된다.

이번에는 지질의 소화를 살펴보자. 137쪽에서 설명했듯이 지질에는 여러 종류가 있는데, 여기에서는 유지의 소화에 관해 알아보겠다. 유지가 어떤 분자인지는 2장에서 자세히 이야기한 바 있다(60쪽 참조).

유지는 기름이나 지방을 가리키는 말로, 이것 역시 우리의 식탁에 넘쳐난다. 입을 통해서 몸속으로 들어온 유지는 식도와 위를 통과한 뒤 췌액에 들어 있는 효소인 라이페이스에 의해 분해된다. 유지와 라이페이스의 반응에 대해서는 채소 이야기에서 이미 설명했는데(69쪽), 채소뿐만 아니라 우리 몸속에도 라이페이스가 존재한다.

췌액의 라이페이스는 다음 그림처럼 유지의 두 곳을 절단한다. 그 후 분해물은 역시 소장에서 흡수되며, 또다시 분해되어 에너지가 된다.

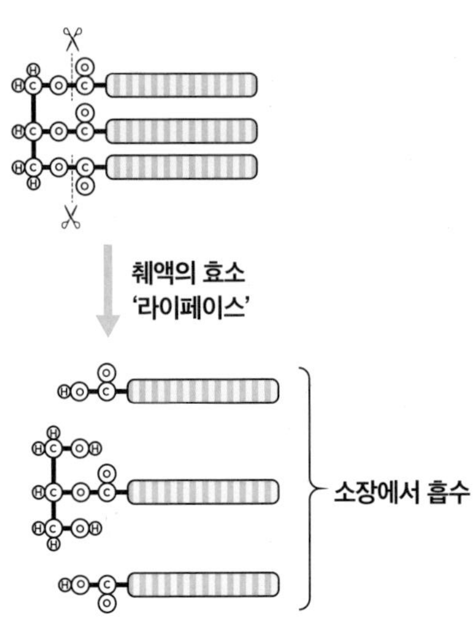

이와 같이 입으로 들어온 영양소는 다양한 효소에 의해 분해되며, 그런 분해물은 소장에서 흡수되어 에너지가 된다. 어떤 영양소든 분해되어 작아지지 않으면 흡수되지 못하는 것이다. 또한 소화에 관해서도 효소가 크게 활약한다는 것 역시 중요한 포인트다.

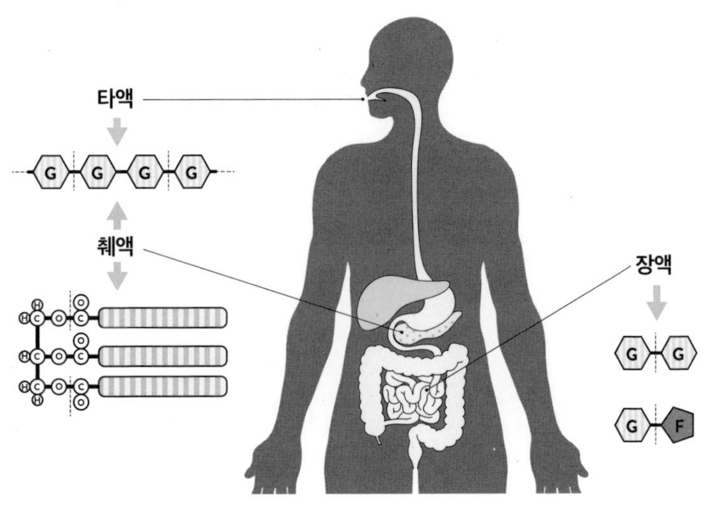

12 똥을 구성하는 식이 섬유와 장내 세균

그러면 이제 본론인 똥 이야기로 넘어가자. 이미 살펴본 것처럼 3대 영양소는 소장에서 흡수된다. 소장의 끝에 있는 대장에서 쥐어 짜내지는 똥은 무엇으로 구성되어 있을까? 똥의 주성분은 다음과 같다.

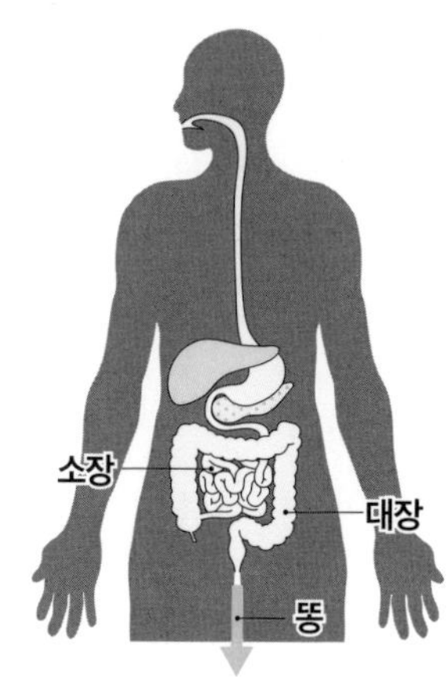

수분 75~80%
그 밖에 식이 섬유(음식 찌꺼기)와
장벽이 벗겨져서 떨어진 것이 3분의 2
장내 세균이 3분의 1

먼저 수분이 약 80퍼센트를 차지한다. 고형물처럼 보이지만 물을 잔뜩 머금고 있는 것이다. 다음으로는 식이 섬유라고 부르는 음식 찌꺼기가 있다. 식이 섬유는 몸속의 효소에 분해되지 않는 구조를 가지고 있어 소장에서 흡수되지 않고 대장까지 도달한다.

식이 섬유가 변비 해소에 효과가 있다는 이야기를 들어 본 적이 있는가? 어떤 식이 섬유는 수분을 흡수해서 팽창하는데, 그 결과 똥의 양이 늘어나서 장을 자극해 배변으로 이어지는 원리다. 또한 어떤 식이 섬유는 물에 녹으면 미끌미끌해져서 변을 부드럽게 만들어 원활한 배변을 가능케 한다.

'벗겨져 떨어져 나간 장벽'도 똥에 포함되어 있는데, 이것은 장벽을 형성하는 세포를 가리킨다. 그리고 마지막으로 '장내 세균'이라는 균도 똥 속에 들어 있다. 균 또는 세균에 관해서는 충치에 관해 이야기할 때 소개한 바 있다(95쪽). 장내 세균은 그 이름처럼 장의 내부에서 사는 균이다. 똥 속에는 살아 있는 장내 세균도 있고 죽은 상태의 장내 세균도 있다. 이런 것들이 합쳐진 고형물이 똥의 정체다.

그러면 식이 섬유에 관해 좀 더 자세히 설명해 보겠다. 섬유라고는 하지만, 사실 지름이 100나노미터에 지나지 않는다. 앞에서도 이야기했지만, 나노미터는 굉장히 짧은 길이를 나타낼 때 사용하는 단위다(47쪽). 또한 식이 섬유라는 명칭은 혀에 느껴지는 감촉이 섬유 같아서가 아니라 분자의 수준에서 섬유 형태의 구조를 띠고 있기 때문에 붙은 것이다.

그러면 식이 섬유가 어떤 분자인지 살펴보자. 식이 섬유로서 작용하는 분자로는 과일에 들어 있는 펙틴, 한천에 들어 있는 아가로스, 다시마에 들어 있는 알긴산나트륨, 버섯에 들어 있는 키틴 등이 있다. 이 식이 섬유들은 글루코스와 비슷한 분자가 연결된 구조를 가지고 있다.

다음 모식도에서 보듯이 지금까지 몇 차례 등장했던 글루코스처럼 육각형 구조를 띠고 있는데, 글루코스와는 구조가 약간 다르다. 또한 육각

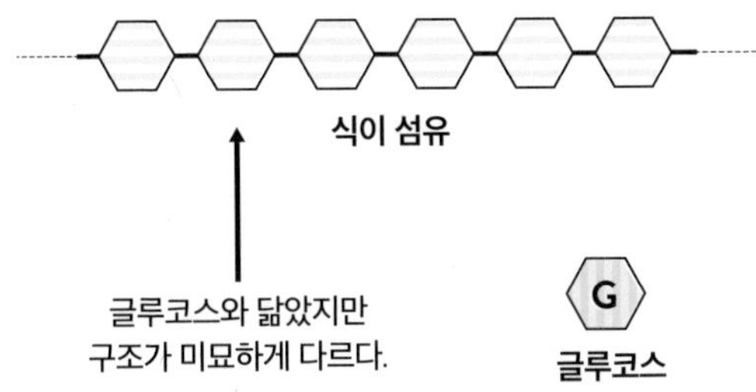

형의 모식도에 들어가는 상세한 구조는 식이 섬유의 종류에 따라 달라진다. 언뜻 보면 아밀로스(글루코스가 직선상으로 연결된 것)와 비슷하지만 상세한 구조는 식이 섬유의 종류별로 미묘하게 다르다.

구조가 미묘하게 다르기 때문에 우리의 타액이나 췌액에 들어 있는 효소인 아밀레이스(145쪽)에는 분해되지 않는다. 다시 말해 우리는 이 식이 섬유들을 소화 · 흡수하지 못하는 것이다.

참고로 채소에 들어 있는 식이 섬유인 셀룰로스는 글루코스가 연결되어서 만들어진 것이다. 그래서 아밀레이스에 분해될 것 같지만, 연결 방식이 아밀로스와 다르기 때문에 분해되지 않는다. 글루코스로 구성된(혹은 글루코스가 들어 있는) 식이 섬유에 관해서는 175쪽에서 설명하겠다.

그 밖에도 오각형 구조의 프럭토스(39쪽)가 연결된 이눌린이나 구조 속에 수많은 벤젠 고리(107쪽)가 있는 리그닌 등도 식이 섬유로 분류된다. 참고로 이눌린은 우엉이나 마늘 등에 들어 있으며, 리그닌은 콩류에 들어 있다.

이런 식이 섬유들은 전부 우리 몸속의 효소로는 분해되지 않는다.

그렇다면 몸속에 들어온 식이 섬유는 어떻게 될까? 이 분자들은 분해되지 않은 채 소장을 통과해 대장에 도달한다. 대장은 똥이 만들어지는 장소이며, 식이 섬유에 배변을 촉진하는 효과가 있다는 것은 이미 앞에서 설명했다. 식이 섬유의 효과는 그것뿐만이 아니다. 대장에서 식이 섬유를 기다리는 것은 똥에도 들어 있는 장 속의 균, 즉 장내 세균이다. 충치 이야기를 하면서 뮤탄스균에 대해 설명했는데, 그 밖에도 수많은 종류의 균이 우리 몸속과 표면에 존재한다.

장내 세균은 우리의 소장과 대장에서 살고 있다. 대략 1,000종류의 균이 100조(!) 개 정도 살고 있다고 한다. 그렇다면 장내 세균들은 우리의 몸속에서 무엇을 하고 있을까? 대장에서 사는 세균들은 식이 섬유의 일부를 분해할 수 있다.

장내 환경을 정비해 건강하게 살려면 장내 세균들에게 식이 섬유를 줄 필요가 있다. 최근의 연구에서는 장내 세균이 식이 섬유를 분해할 때 생기는 단쇄지방산이라는 분자가 비만 방지나 당뇨병 치료 등 우리 몸에 좋은 영향을 미친다는 사실이 밝혀졌다. 이런 연구 결과를 보면 식이 섬유가 들어 있는 음식을 마구 먹고 싶어질 것이다. 장내 세균에게 우리의 건강을 돕도록 식이 섬유를 주자.

참고로, 지금까지 몇 차례 등장했던 아세트산(CH_3COOH)은 단쇄지방산의 일종이다. 또한 아세트산보다 탄소와 수소가 조금 많은 프로피온산(CH_3CH_2COOH)이나 뷰티르산($CH_3CH_2CH_2COOH$)이라는 분자도 대표적인 단쇄지방산이다.

장내 세균 중에는 단백질을 분해해서 스카톨(C_9H_9N)이나 인돌(C_8H_7N) 등의 가스를 배출하는 균도 있다. 스카톨과 인돌은 똥이나 방귀에 들어 있는 고약한 냄새의 분자다. 악취를 풍기는 분자는 균이 배출하고 있었던 것이다.

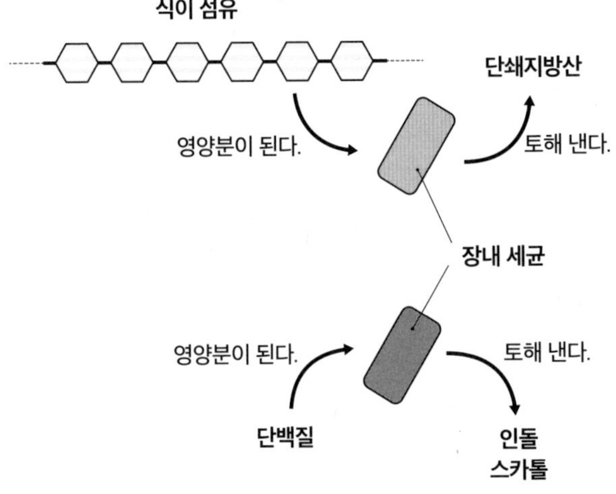

이제 똥이 어떤 것인지 이해했으리라 믿는다.

Chapter

5

거실·침실의 화학식을 살펴보자

드디어 새로운 장에 들어왔다. 이 장에서는 거실 또는 침실과 관련된 화학을 살펴보겠다. 조금 어려운 이야기도 나오지만, 따라와 주길 바란다!

1 액정 디스플레이는 어떤 분자가 사용될까?

먼저 거실을 살펴보자.

대부분의 거실에는 아마도 텔레비전이 있을 것이다. 시대가 변해서인지 저자의 주변에도 "우리 집에는 텔레비전이 없어"라고 말하는 사람이 늘어나기는 했지만…….

어쨌든 요즘 대세는 LCD 텔레비전이다. 여기에서 'LCD'는 액정 디스플레이(Liquid Crystal Display)를 의미한다. 액정 상태의 분자를 사용했기 때문에 액정 디스플레이라고 부르는 것이다. 액정 디스플레이는 텔레비전뿐만 아니라 컴퓨터나 스마트폰, (디지털) 손목시계의 화면에 사용되는 등 우리 일상에서 넘쳐난다. 또 탁상용 전자계산기의 화면에도 사용되는데, 알고 보면 1970년대부터 제품으로 만들어지고 있었다.

그런데 액정 디스플레이에는 어떤 분자가 사용되고 있을까? 액정 디스플레이와 깊은 관련이 있는 대표적인 분자의 화학식은 $C_{18}H_{19}N$이다.

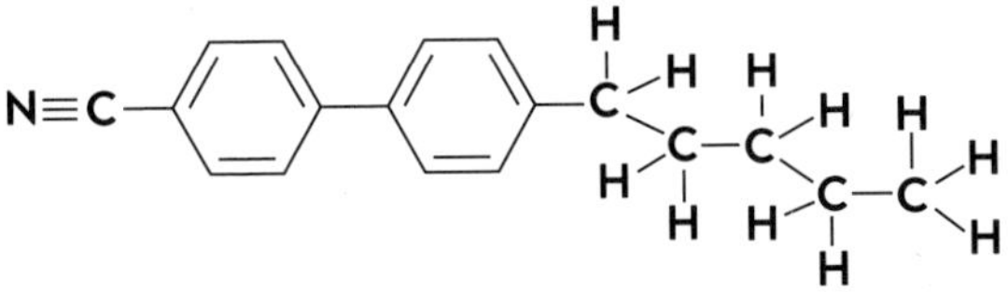

$C_{18}H_{19}N$

그림을 보면 벤젠 고리가 2개 연결되어 있고, 왼쪽 끝에는 탄소와 질소가 3개의 선으로 연결된 것이 붙어 있다. 또한 오른쪽에는 탄소가 5개 연결되어 있으며 여기에 수소도 붙어 있다. 분자 전체가 가늘고 긴 구조처럼 보인다. 이것이 액정 디스플레이를 구성하는 분자다.

본격적인 이야기에 들어가기에 앞서, 액정 상태의 분자가 무엇인지 설명하겠다. 액정 상태라고 하는 것은 분자가 고체와 액체의 중간에 있는 것을 말한다. 그렇다면 고체와 액체의 중간이란 대체 어떤 상태일까? 먼저 고체와 액체가 무엇인지를 분자의 수준에서 설명하겠다. 다음은 얼음과 물의 분자 상태를 나타낸 그림이다.

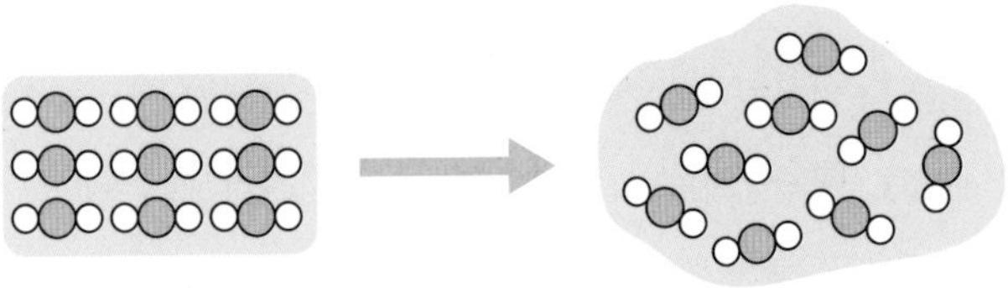

고체(H_2O)

액체(H_2O)

얼음은 물론 고체다. 얼음의 경우, 물의 분자인 H_2O가 규칙적으로 나열되어 있다. 위치가 명확히 정해져 있으며 그 자리를 지킨다. 그러나 얼음이 녹아서 액체가 되면 물의 분자는 방향도 위치도 제각각이 되며, 게다가 자유롭게 돌아다닌다.

그렇다면 고체와 액체의 중간인 액정은 어떤 상태일까? 일단 액정 디스플레이 분자의 이미지에서 분자를 간략화한 타원형의 그림으로 치환하겠다.

다음은 고체, 액정, 액체 상태인 분자의 그림이다. 고체와 액체는 물 분자의 예와 같다. 고체는 방향이 일정하며 질서 정연하게 나열되어 있다. 위치도 고정되어 있다. 한편 액체는 방향도 위치도 자유로우며 계속 움직인다.

그렇다면 액정 상태는 어떨까? 방향은 일정하지만 위치는 자유롭다. 게다가 액체 상태와 마찬가지로 자유롭게 움직인다. 자유롭게 움직이지만 일정한 방향을 향하고 있는 것이다.

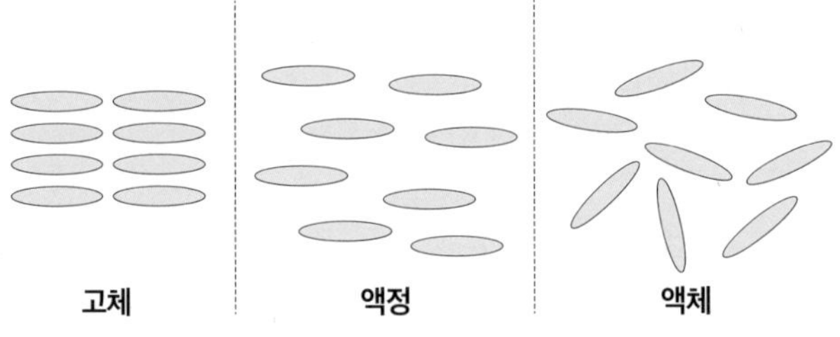

뭔가 재미있는 성질이다. 멀리 떨어진 곳에서 무엇인가 재미있는 것을 발견해 모두가 같은 방향을 향하고 있는 모습이라고나 할까?

이제 액정이 어떤 상태인지 이해했으리라 믿는다.

그런데 액정 상태의 분자에는 더욱 재미있는 성질이 있다. 그리고 그 성질이 액정 디스플레이와 관계가 있다.

먼저 액정의 분자를 다음 쪽의 그림 A와 같이 전극 사이에 놓는다. 액정의 분자는 그림에서 표시한 방향을 향하고 있다고 가정한다. 이때 그림 B처럼 전극에 연결된 스위치를 켜면 전극 사이에 전압이 가해지면서 액정 분자는 일제히 전극을 향해서 같은 방향을 향한다.

정리하면 전압을 가하기 전(OFF)이 왼쪽 그림이고 전압을 가한 상태(ON)가 오른쪽 그림이다. 이 ON/OFF로 액정 분자의 방향을 바꿀 수 있는 것이다.

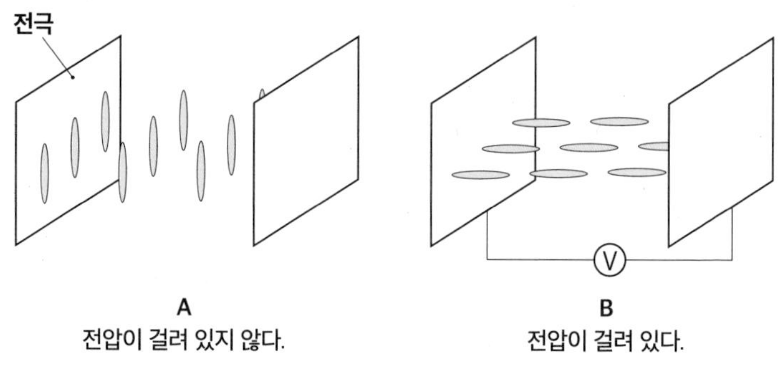

액정 분자의 이 같은 성질이 액정 디스플레이에 이용된다.

2 LCD 텔레비전의 원리

먼저 LCD 텔레비전에서 액정이 어떤 상태인지를 알아보자. 다음 쪽의 그림은 액정 분자와 전극을 나타낸 것이다. 실제로는 수많은 액정 분자가 배치되어 있지만, 이해하기 쉽도록 액정 분자를 한 곳만 표시했다.

LCD 텔레비전의 내부에도 전극 사이에 액정 분자가 배열되어 있는데, 그림에서 보듯이 액정 분자가 90도 각도로 서서히 비틀리는 형태로 배치되어 있다. 또한 양쪽에 전극뿐만 아니라 배향막이라는 것도 있어서, 그곳에 파여 있는 홈을 따라 액정 분자가 방향을 바꾼다.

물론 전압을 걸면 앞에서 이야기했듯이 오른쪽 그림처럼 액정 분자가 일제히 같은 방향을 향한다.

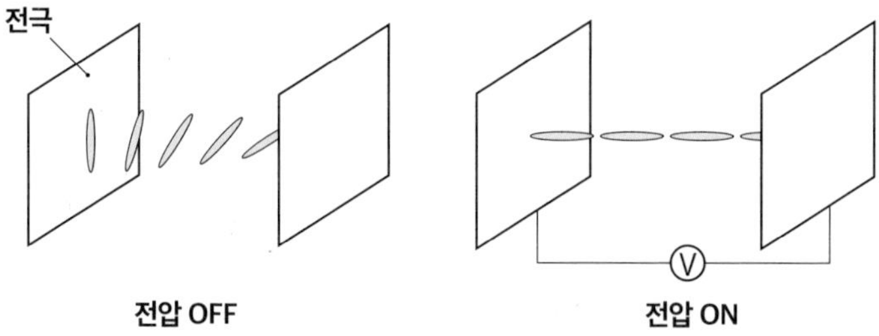

전극
전압 OFF
전압 ON

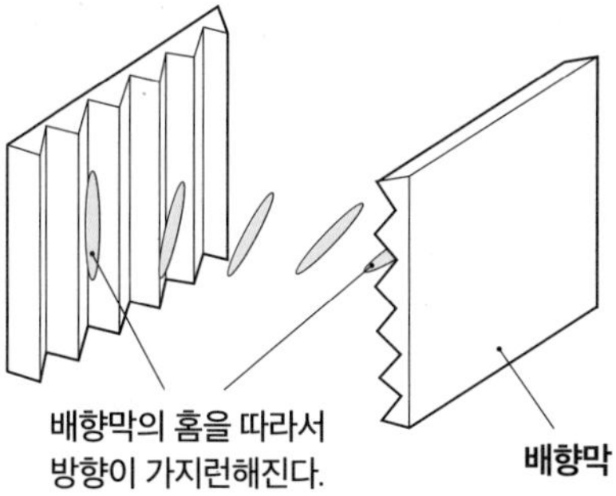

배향막의 홈을 따라서
방향이 가지런해진다.
배향막

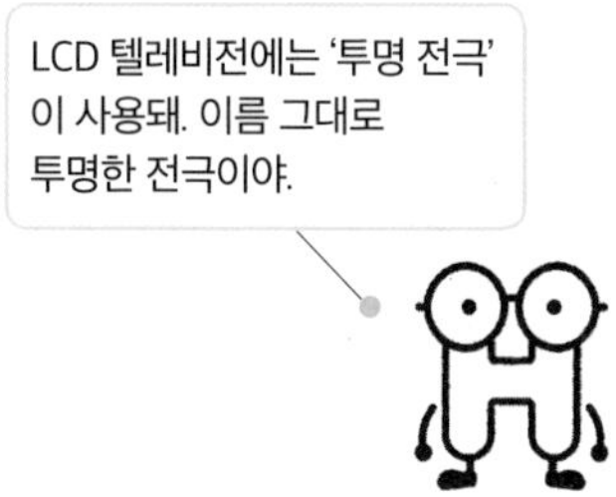

LCD 텔레비전에는 '투명 전극'
이 사용돼. 이름 그대로
투명한 전극이야.

여기서 잠시 보류하고 빛의 성질에 관해 설명하겠다. LCD 텔레비전을 이해하려면 반드시 빛의 성질을 알아야 하기 때문이다. 빛은 파도처럼 규칙적으로 진동하면서 직진한다.

빛의 진행 방향

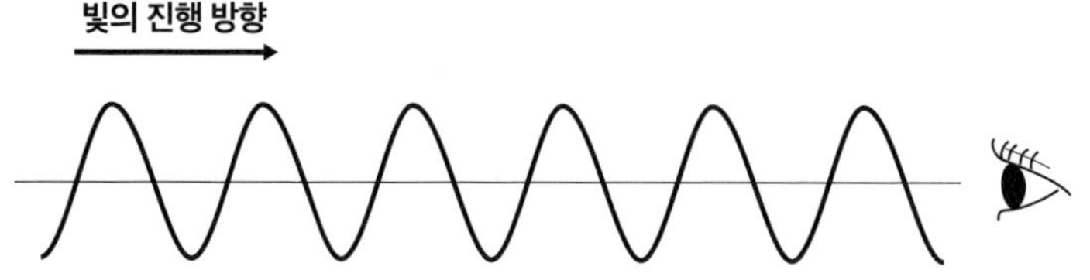

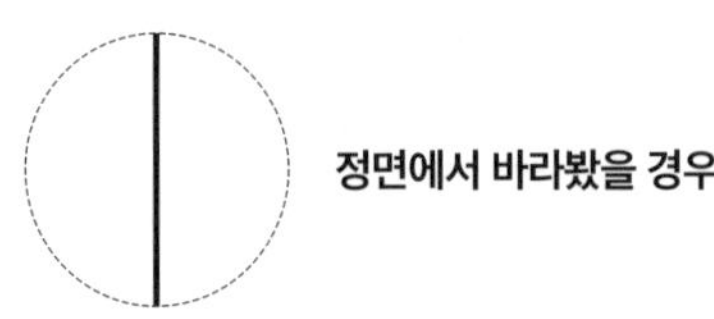

게다가 우리가 평소에 눈으로 보는 빛(햇빛이나 달빛, 전구나 형광등의 빛 등)은 다양한 방향으로 진동하고 있다(다음 그림에서는 네 방향만을 표시했다).

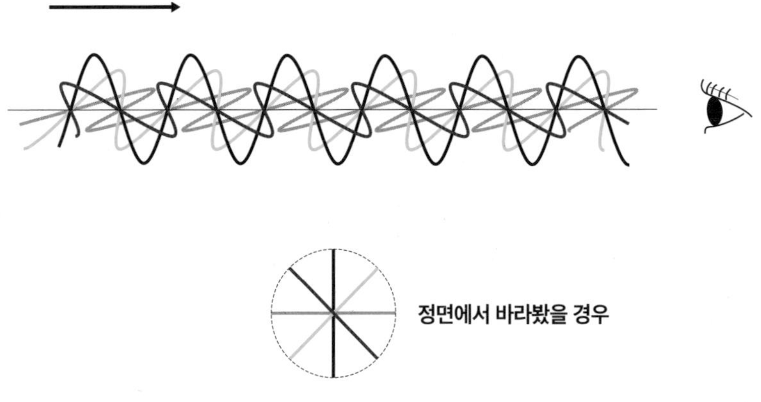

이처럼 온갖 방향으로 진동하면서 직진하는 빛을 편광판이라는 필터에 통과시키면 한 방향으로만 진동하는 빛을 추출할 수 있다.

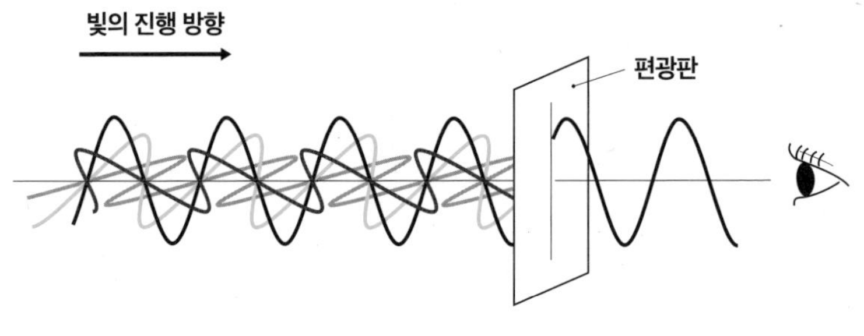

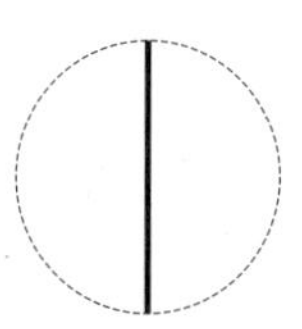

정면에서 바라봤을 경우

반대로 말하면 편광판은 통과한 빛 이외의 방향으로 진동하는 빛을 차단할 수 있다는 의미다.

우리는 이 현상을 일상생활에서 이용하고 있다. 가령 스키장에서는 설원에 반사된 햇빛이 매우 눈부시기 때문에 고글을 쓰는데, 스키용 고글은 편광판(편광 선글라스)이어서 빛을 차단해 눈을 보호해 준다. 또한 카메라에 달려 있는 편광 렌즈도 마찬가지로, 예를 들면 연못의 수면에 반사되는 눈부신 빛을 차단하여 사진을 찍을 수 있게 해 준다.

설원이나 연못에서 반사되는 빛은 표면과 평행하게 편광하는 것이 많기 때문에 편광 선글라스나 편광 렌즈를 이용해서 효과적으로 차단할 수 있다. 이 편광이라는 개념은 LCD 텔레비전을 이해하는 데 매우 중요하므로 기억해 두기 바란다.

다시 LCD 텔레비전의 이야기로 돌아가자. 다음 쪽의 그림은 편광판 사이에 있는 액정 분자를 그림으로 나타낸 것이다. 편광판은 틈새의 방향으로 진동하는 빛만을 통과시키는데, 좌우의 편광판 2장을 자세히 살펴보면 각도가 90도 틀어져 있는 것을 알 수 있다. 바로 이것이 중요한 포인트다.

참고로 이 그림은 전압을 가하지 않은 상태이며, 좌우에 설치되어 있을 전극은 생략했으니 주의하기 바란다. 또한 앞서 말한 대로 빛은 진동하지만 여기에서는 이해를 돕기 위해 굵은 화살표(2방향분)로 표기했다.

LCD 텔레비전에는 빛을 내는 장치(광원)가 있다. 그 장치에서 발생한 빛은 액정 분자의 영역으로 향하지만, 설치된 편광판 때문에 한 방향의 빛만이 들어올 수 있다. 그리고 편광판을 통과해서 들어온 빛은 액정 분자를 따라서 회전한다. 이처럼 액정 분자에는 빛의 방향(각도)을 바꾸는 성질도 있다.

회전한 빛은 설치된 두 번째 필터를 통과해 우리에게 도달한다. 액정 분자의 영향으로 빛이 회전했기 때문에 두 번째 필터를 통과할 수 있었던 것이다.

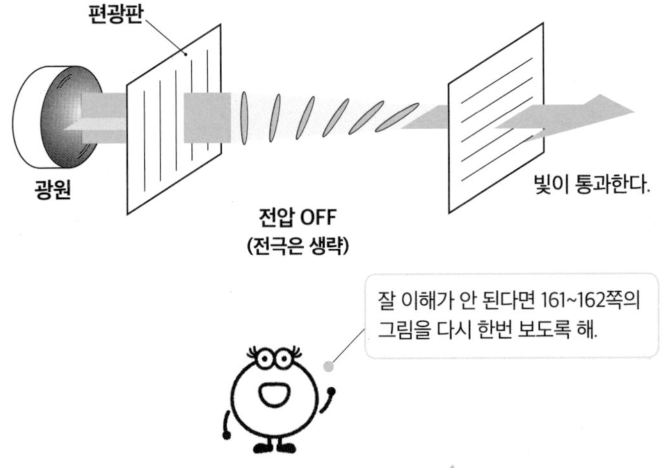

지금까지 설명한 것은 스위치가 OFF일 때인데, 그렇다면 스위치가 ON일 때는 어떻게 될까? 전극 사이에 액정 분자가 낀 그림을 떠올려 보라(160쪽). 전압을 가하면 액정 분자가 전극을 향해서 일제히 같은 방향을 향했다. 그 상태가 되면 편광판을 통과한 빛이 액정 분자의 영향으로 회전하는 일은 없어진다(다음 그림을 보라. 전극은 생략했다).

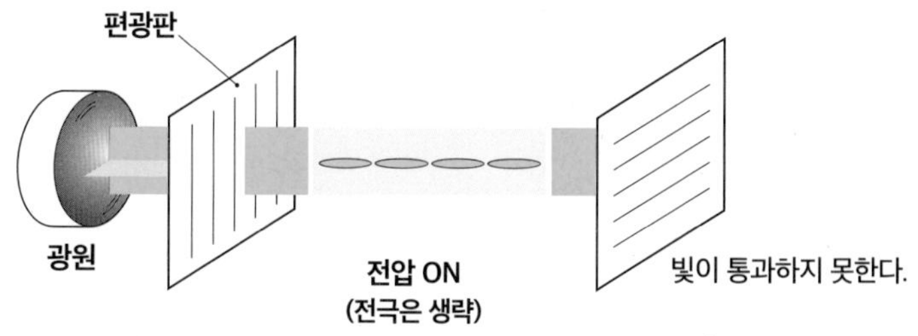

빛이 회전하지 않으므로 두 번째 필터를 통과하지 못하며, 따라서 빛은 우리의 눈에 도달하지 않는다. 요컨대 스위치가 ON일 때는 어두워서 아무것도 보이지 않는다. 액정 디스플레이에서는 전압을 가했느냐(ON) 가하지 않았느냐(OFF)가 치밀하게 제어되고 있는 것이다.

참고로 반대의 패턴도 있다. OFF일 때 어두워지고 ON일 때 밝아지는 VA(Vertical Alignment) 모드다. 한편 위에서 소개한 패턴은 TN(Twisted Nematic) 모드라고 부른다. 'twisted'는 '뒤틀린'이라는 뜻으로, 액정 분자가 뒤틀리게 배치되어 있음을 의미한다.

디스플레이에는 이런 ON/OFF를 전환할 수 있는 단위가 다수 존재한다. 그리고 이 제어를 통해 다음과 같이 영상이 만들어진다. 사각형 하나가 1화소(1픽셀)이며, 각각의 화소가 ON/OFF로 전환되면서 명암을 이용해 영상을 비춘다.

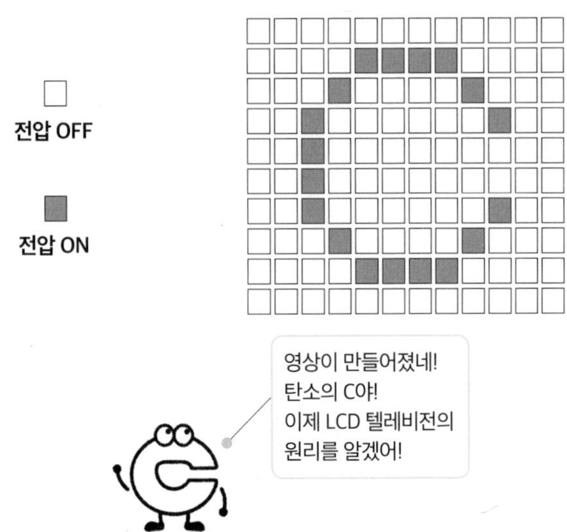

최근에 출시된 LCD 텔레비전에는 이 단위가 수천만 개나 존재한다. 이른바 화소 수라는 것이다. 여러분도 3,840×2,400화소 같은 표현을 본 적이 있을 것이다. 위와 같은 ON/OFF의 전환이 가능한 단위가 가로로 3,840개, 세로로 2,400개나 나열되어 있다는 의미다.

LCD 텔레비전이 나오기 전에 사용되던 브라운관(음극선관)은 더 규모가 큰 장치여서 앞뒤로 길어서 부피가 컸으며 유리도 두꺼워서 훨씬 무거웠다(요즘 젊은이들은 본 적이 없을지도 모르지만……). 반면에 LCD 텔레비전은 다들 알다시피 두께를 얇게 만들 수 있다는 것이 장점이다. 또한 액정 디스플레이가 얇은 덕분에 휴대폰과 스마트폰의 개발이 가능해졌다.

참고로 액정 분자 자체가 빛을 내는 것으로 착각하기 쉬운데, '광원'이 뒤에 있고(백라이트) 그곳에서 나온 빛이 액정 분자를 통과해 우리의 눈에 들어오는 것이다. 액정 분자 자체는 빛을 내지 않으니 오해하지 말기를 바란다.

이렇듯 액정에 사용되는 분자는 빛을 내지 않지만, 빛을 내는 분자도 등장했다. OLED(유기 발광 다이오드)에는 그런 분자가 사용된다. 백라이트를 사용할 필요가 없기 때문에 LCD 텔레비전보다 얇으며, 게다가 화질도 더 선명하다. 게다가 디스플레이를 구부릴 수 있다.

또한 LCD 텔레비전에는(물론 스마트폰도) 컬러 화면이 표시되지만, 액정 분자 자체에 색이 있는 것은 아니다. 지금까지 한 설명대로라면 어두운 부분과 밝은 부분만을 표시할 수 있으므로 컬러 화면은 되지 않는데, 액정 디스플레이의 컬러 기술은 어떤 원리를 이용한 것일까?

그 이야기를 하기에 앞서 다시 한번 빛에 관해 설명하겠다.

백색광, 즉 흰빛 속에는 여러 가지 색의 빛이 포함되어 있다. 전구나 형광등의 빛, 그리고 태양광 등이 백색광이다. 백색광은 유리나 수정으로 만들어진 프리즘이라는 물체를 사용하면 여러 가지 색들을 분리시킬 수 있다. 학교에서 직접 실험해 본 적이 있는 사람도 있을 것이다.

다음 그림은 백색광을 프리즘에 통과시켰을 때 나타나는 현상을 그린 모식도다. 프리즘의 내부에 진입할 때와 나올 때 빛의 진행 방향이 바뀌면서 약 7가지 색으로 나뉜다.

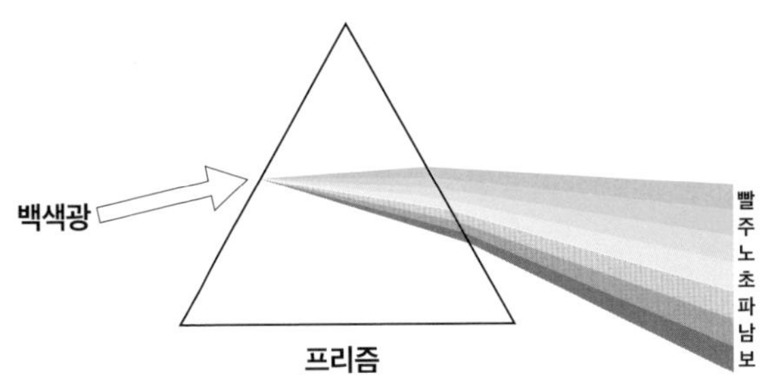

이 실험에서 우리가 평소에 보고 있는 빛이 여러 가지 색이 합쳐진 것임을 알 수 있다. 이것을 바탕으로 다시 컬러 기술의 이야기로 돌아가자.

액정 디스플레이의 경우, 광원에서 백색광이 발생해 액정 분자를 통과하면 색을 취사선택하는 필터가 원하는 색을 가진 빛만을 통과시켜 준다. 다음 그림처럼 빛이 두 번째 편광판을 통과한 뒤 색을 취사선택하는 필터(컬러 필터)를 통과하면서 원하는 색을 가진 빛만이 우리의 눈에 들어오는 것이다. 다른 색의 빛은 컬러 필터에 흡수된다.

참고로 먼저 빛을 컬러 필터에 통과시킨 다음 액정 분자의 영역을 통과시키는 방법도 있다.

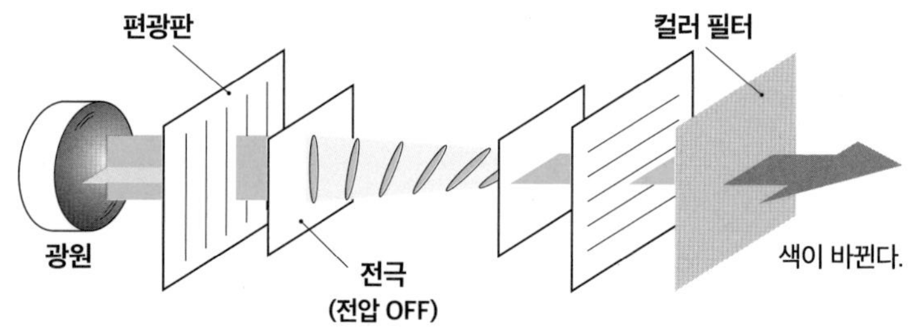

사실은 하나의 화소 속에 적색, 녹색, 청색 세 종류의 컬러 필터가 있다. 이 컬러 필터들은 각각 적색, 녹색, 청색의 빛을 통과시킨다. 적색과 녹색 · 청색은 '빛의 삼원색'으로 불리는데, 이 세 가지 색의 조합과 강약으로 모든 색을 만들 수 있다고 한다.

하나의 화소 속에서 색을 조절하면 자유자재로 컬러를 표현할 수 있다.

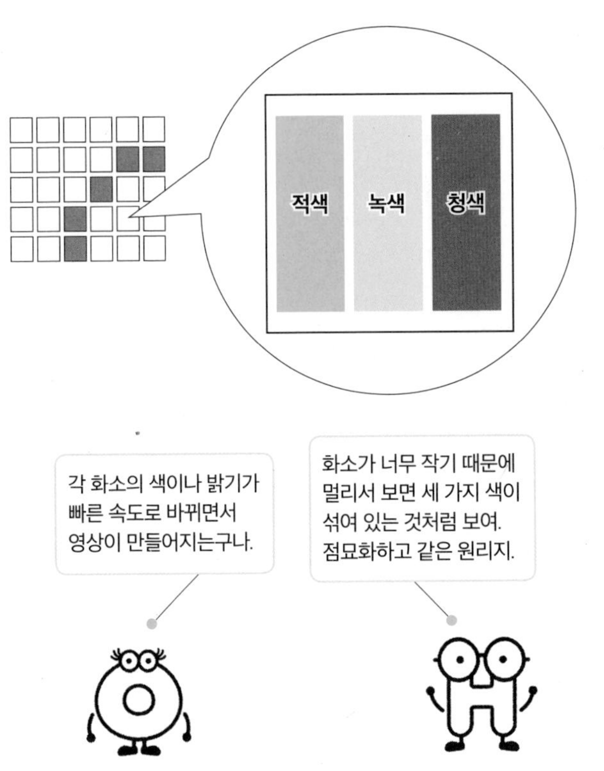

어떤가? LCD 텔레비전의 내부에서는 고체와 액체의 중간 상태인 액정의 분자가 활약하고 있었다. 이것으로 평소에 무심코 사용하고 있는 액정이라는 용어가 무슨 의미인지, 그리고 어떻게 활용되고 있는지 이해했을 것이다.

3 폴리에스테르는 어떤 화학 반응으로 만들어질까?

이제 다음 이야기로 넘어가자. 침실에는 옷장이 있다. 그리고 옷장 속에는 의류가 있을 것이다. 이번에는 그 의류를 화학의 관점에서 살펴보자.

의류의 소재로 사용되는 분자는 어떤 분자가 반복적으로 연결된 구조를 띠고 있다. 분자와 분자가 붙어서 더 큰 분자가 된 것인데, 이 책에서도 여러 번 등장한 바 있다. 바로 고분자다(51쪽).

의류의 소재로 사용되는 분자 중에서 잘 알려진 것으로는 폴리에스테르가 있다. 의류에 붙어 있는 태그를 보면 대부분 폴리에스테르가 소재로 사용되었을 것이다. 앞에서도 이야기했듯이 '폴리'는 '많은'이라는 의미다(142쪽).

폴리에스테르에는 여러 종류가 있는데, 대표적인 것은 폴리에틸렌 테레프탈레이트다. 다음 쪽에 나오는 두 종류의 분자가 연결되어서 만들어진다. 테레프탈산($C_8H_6O_4$)과 에틸렌글라이콜($C_2H_6O_2$)이라는 분자다. 테레프탈산은 벤젠 고리에 아세트산 같은 구조가 2개 붙어 있다. 이 분자에는 수소가 2개밖에 없는 것처럼 보이지만, 벤젠 고리에 붙어 있는 수소 4개가 생략되어 있기 때문에 $C_8H_6O_4$다.

한편 에틸렌글라이콜은 '수산기'를 2개 가지고 있다. 이 두 분자를 반복적으로 연결해서 만든 분자가 폴리에틸렌 테레프탈레이트인 것이다.

앞에서 우리의 몸속이나 식물 속에 존재하는 몇 가지 고분자를 소개했는데, 폴리에틸렌 테레프탈레이트는 인류가 화학 반응을 통해서 만들어낸 고분자다.

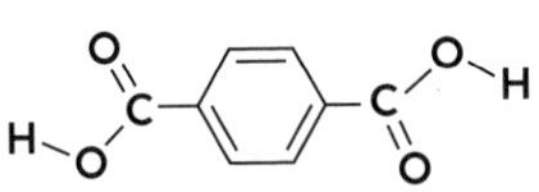

테레프탈산
$C_8H_6O_4$

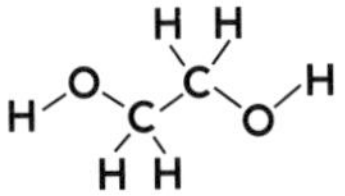

에틸렌글라이콜
$C_2H_6O_2$

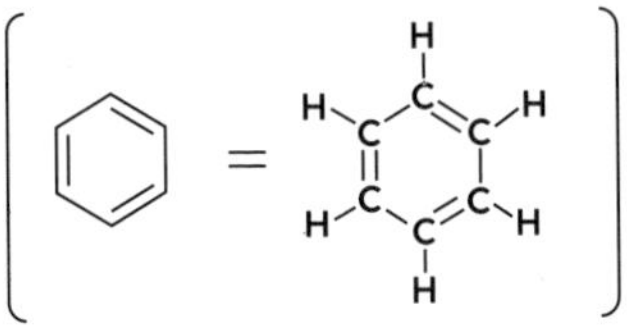

그러면 이것을 식으로 만들어 보자. 테레프탈산의 OH 부분과 에틸렌글라이콜의 H가 떨어져서 연결되면 물이 하나 생긴다.

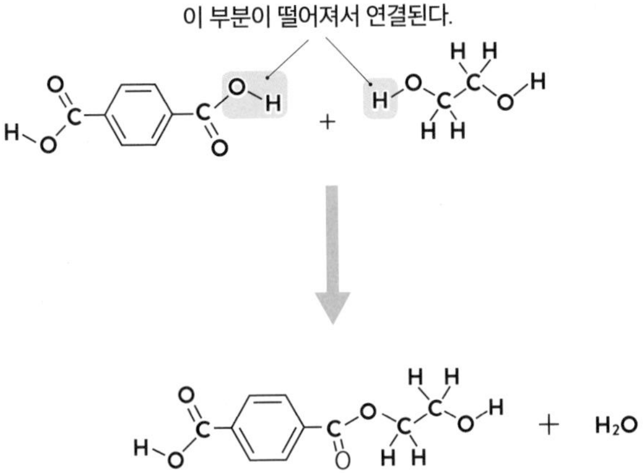

이 부분이 떨어져서 연결된다.

$+ H_2O$

같은 흐름으로 계속 연결시켜 나가면 다음과 같아진다.

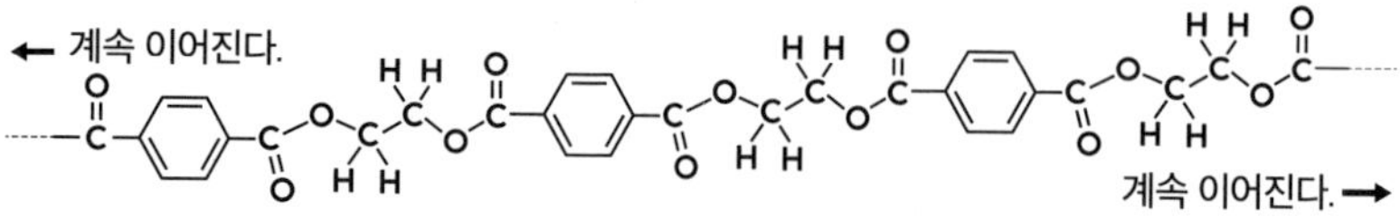

← 계속 이어진다.

계속 이어진다. →

지금까지 나왔던 고분자와 달리
두 종류의 분자가 연결되어 있구나!

연결된 횟수를 *n*회라고 하면 다음과 같은 식이 된다. 양 끝에 남아 있을 OH와 H는 생략했다(생략하지 않고 표기하는 경우도 있다).

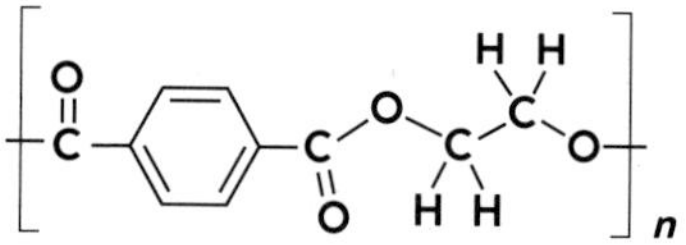

또한 다음 그림과 같이 폴리에틸렌 테레프탈레이트의 원료로 테레프탈산의 구조가 약간 변화한 분자가 사용될 때도 있다.

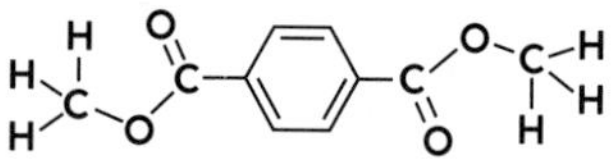

이 분자와 에틸렌글라이콜을 가열하면(섭씨 150~300도) 폴리에틸렌 테레프탈레이트가 만들어진다. 참고로 폴리에틸렌 테레프탈레이트는 의류뿐만 아니라 페트병의 재료로도 쓰여 대량으로 생산되고 있다. 또한 이 고분자는 영어로 polyethylene terephthalate이며, 약어는 PET다. 페트병의 PET는 이 분자의 명칭에서 유래한 것이다.

4 식물에서 유래한 면 섬유, $(C_6H_{10}O_5)_n$

의류에 관한 이야기를 좀 더 해 보자. 가지고 있는 옷의 태그를 들여다보면 폴리에스테르 이외에 면이 사용된 경우도 많을 것이다. 면은 아욱과 목화속의 식물인 목화에서 만들어지는 섬유다(과와 속은 식물이나 동물을 분류하는 용어다). 종자를 보호하는 폭신한 섬유를 가공해서 만든다. 인공적으로 분자를 만들어낸 것이 아니라 자연에서 유래한 분자를 의류에 사용한 것이다. 합성품이 보급되기 전에는 이처럼 자연에서 유래한 것을 의류의 소재로 사용했다.

자연에서 유래한 섬유로는 면 이외에 양털도 있다. 사람 머리카락과 마찬가지로 양털도 단백질로 구성되어 있다. 그 밖에 비단(누에고치)도 있는데, 이것 역시 단백질이다.

그러면 본론으로 돌아가 면에 관해 살펴보자. 면의 주성분을 화학식으로 나타내면 다음과 같다. 이것을 셀룰로스라고 부른다.

$$(C_6H_{10}O_5)_n$$

이 화학식은 앞에서 여러 차례 나왔다. 바로 쌀에 들어 있는 아밀로스와 아밀로펙틴, 여기에 뮤탄스균이 만드는 글루칸의 화학식이다. 그러나 이번에는 옷의 섬유로 사용되는 분자이므로 그것들과는 전혀 다르다.

왜 화학식이 같은데 다른 물질인 것일까? 아마 다들 눈치 챘겠지만 연결 방식이 다르기 때문이다.

그러면 면의 주성분인 셀룰로스의 구조를 화학식이 같은 아밀로스와 비교해 살펴보자.

아밀로스는 글루코스가 연결되어 있는 분자로, 다음 그림에서 보듯이 글루코스가 전부 같은 방향으로 연결되어 있다. 반면에 셀룰로스는 글루코스가 교대로 뒤집히면서 연결되어 있다.

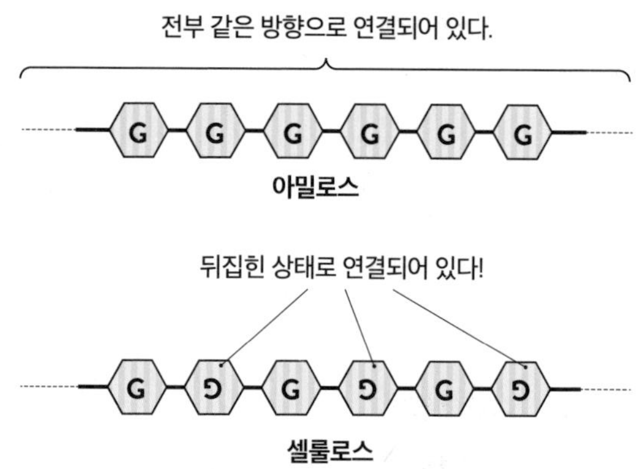

왜 이런 차이가 생기는 것일까? 사실 글루코스에는 두 종류가 있다. 그 둘은 다음 그림과 같이 색칠한 부분의 수산기의 방향이 약간 다르다. 아래쪽을 향한 것을 'α(알파)-글루코스', 위쪽을 향한 것을 'β(베타)-글루코스'라고 부른다.

α-글루코스 β-글루코스

이 부분이 미묘하게 다를 뿐.

α-글루코스는 아밀로스나 아밀로펙틴이, β-글루코스는 셀룰로스가 된다. 아밀로스와 셀룰로스의 연결 방식이 다른 것은 바로 이 작은 구조 차이 때문이다. 연결 방식이 다르기 때문에 아밀로스나 아밀로펙틴을 분해하는 효소인 아밀레이스(145쪽)로는 셀룰로스를 분해하지 못한다. 이 특징은 식이 섬유와 같다. 실제로 셀룰로스는 채소에 많이 들어 있는(151쪽) 식이 섬유다

참고로 곤약에 들어 있는 글루코만난이라는 식이 섬유도 글루코스가 뒤집혀서 연결된 구조를 가지고 있다. 그래서 역시 아밀레이스로는 분해할 수 없다.

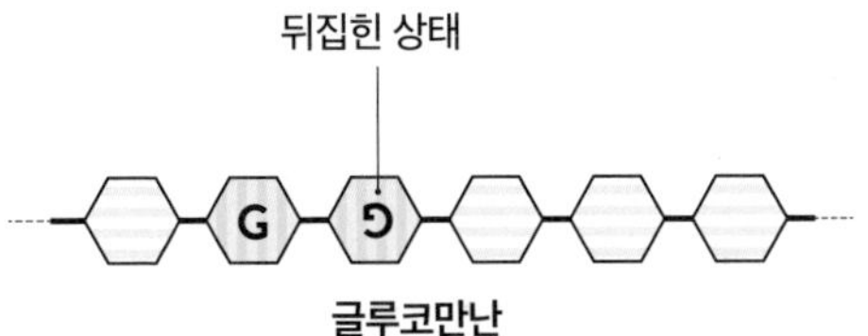

이야기가 약간 샛길로 빠졌는데, 의류의 이야기는 여기서 끝내겠다. 옷의 소재로 많이 사용되는 폴리에스테르와 면의 구조를 이해했으리라 믿는다.

5 전지의 충전과 방전

5장에서 마지막으로 살펴볼 것은 '전지'다. 전지에도 화학식이 등장한다. 우리가 실생활에서 흔히 보는 전지는 건전지다. 거실이나 침실을 둘러보면 벽걸이 시계, 텔레비전이나 에어컨의 리모컨 등에 건전지가 사용되고 있다. 또한 거실이나 침실에만 한정된 이야기는 아니지만 스마트폰이나 노트북 컴퓨터에도 건전지와는 다르게 생겼을 뿐 전지가 사용되고 있다.

2019년의 노벨 화학상은 존 구디너프 박사, 스탠리 휘팅엄 박사, 요시노 아키라 박사에게 수여되었다. '리튬 이온 전지의 개발' 공로를 인정받아 수상한 것이다. 리튬 이온 전지는 노벨상을 받을 만큼 특별한 전지다.

이 전지는 작고 가벼우면서도 강한 힘을 지니고 있다. 그 덕분에 전지로 움직이는 제품을 소형화해서 휴대할 수 있게 된 것이다. 리튬 이온 전지 덕택에 휴대폰이나 스마트폰, 노트북 컴퓨터가 보급될 수 있었다고 해도 과언은 아니다.

리튬 이온 전지에 관해 설명하기에 앞서 전지란 무엇인지 알아보자. 산업적으로 이용된 최초의 전지로 알려진 '다니엘 전지'를 예로 들어 설명하겠다. 이 전지의 명칭은 발명자의 이름(존 프레더릭 다니엘)에서 따왔다.

일반적으로 전지는 금속을 사용해서 화학 반응을 일으켜 전기를 만든다. 다니엘 전지의 경우는 아연과 구리라는 두 종류의 금속을 사용했다. 아연의 원소기호는 Zn이고, 구리의 원소기호는 Cu다. 전지의 구조를 대략적으로 설명하면 한쪽의 금속에서 다른 쪽의 금속을 향해 전자가 움직이는데, 전자가 움직인다는 것은 전기가 흐른다는 의미다. 사실 이 두 가지가 완전히 같은 의미는 아니지만, 그 부분은 나중에 설명하겠다.

이 책에서 '전자'라는 용어가 처음으로 등장했다. 전자란 무엇일까? 소금, 즉 NaCl을 예로 들어서 설명하겠다. 앞서 살펴본 대로 NaCl은 Na와 Cl이 아니라 Na^+와 Cl^-다(34쪽).

먼저 Na^+(나트륨 이온)에 관해 전자를 포함해서 생각해 보자. 사실은 Na에서 전자가 1개 튀어나온 것이 Na^+다.

식으로 나타내면 다음과 같다.

$$Na \rightarrow Na^{+} + e^{-}$$

여기에서 'e^{-}'라고 표기한 것이 전자다. 마이너스 전기를 띤 매우 작은 알갱이(입자라고 한다)다. Na^{+}도 물론 작지만, 그보다 훨씬 작다. 식의 오른쪽에서 플러스와 마이너스의 수를 세어 보면 Na^{+}의 +1과 e^{-}의 －1을 더해서 0이 된다. 한편 식의 왼쪽은 전기를 띠고 있지 않은 Na이므로(플러스도 마이너스도 아닌 0), 식의 왼쪽과 오른쪽은 전기적으로 균형을 이룬다.

반대로 Cl^{-}(염화 이온)는 Cl이 전자를 하나 받은 것이다. 식으로 나타내면 다음과 같다.

$$Cl + e^{-} \rightarrow Cl^{-}$$

이번에는 식의 왼쪽과 오른쪽이 마이너스 1로 균형을 이루고 있다. 이처럼 이온에 관해 생각할 때는 전자의 존재를 고려해야 한다.

앞에서 이야기했듯이 Na는 플러스 전기를 띠기 쉽고 Cl은 마이너스 전기를 띠기 쉽다(36쪽). 전자의 존재를 포함해서 설명하면, Na는 전자를 방출하기 쉽기 때문에 플러스 전기를 띠기 쉬우며, Cl은 전자를 받아들이기 쉬우므로 마이너스 전기를 띠기 쉽다.

그러면 다시 다니엘 전지에 사용된 아연(Zn)과 구리(Cu)의 이야기로 돌아가자. Zn과 Cu는 금속인데, 금속의 원자는 기본적으로 플러스 이온이 되기 쉬운 경향이 있다. 요컨대 금속은 전자를 방출하기 쉽다. 그래서 Zn도 Cu도 플러스 이온이 되기 쉬운데, 어느 쪽이 더 되기 쉬운지는 정해져 있다. Zn이 Cu보다 플러스 이온이 되기 쉬운 것이다.

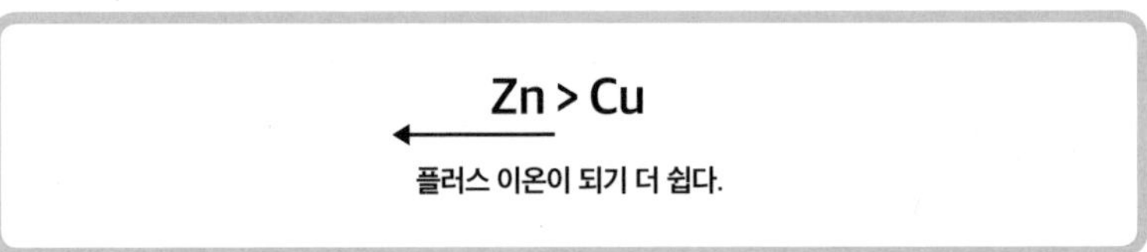

이것을 바탕으로 다니엘 전지를 살펴보자.

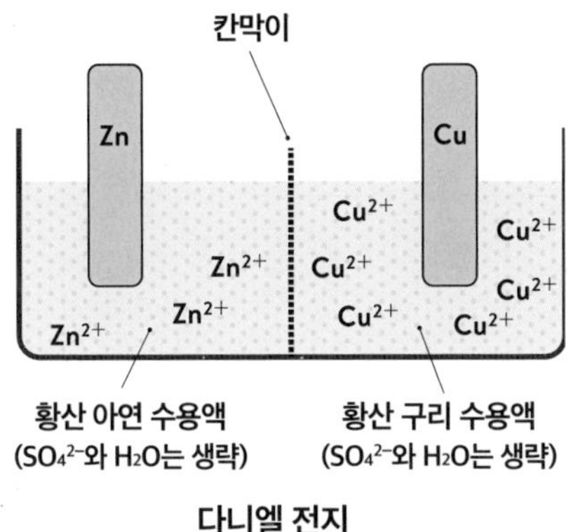

다니엘 전지

그림을 보면 Zn과 Cu의 덩어리가 액체에 잠겨 있다. 전지에 사용되는 이들 금속을 일반적으로 '전극'이라고 부른다. Zn의 전극은 황산 아연을 물에 녹인 액체(황산 아연 수용액)에, Cu의 전극은 황산 구리를 물에 녹인 액체(황산 구리 수용액)에 잠겨 있다.

황산 아연의 화학식은 $ZnSO_4$이며, 황산 구리의 화학식은 $CuSO_4$다.

물속에서 $ZnSO_4$는 Zn^{2+}와 SO_4^{2-}로, $CuSO_4$는 Cu^{2+}와 SO_4^{2-}로 나뉘어 있다. Zn^{2+}(아연 이온)와 Cu^{2+}(구리 이온)는 치아에 관해 이야기할 때 등장했던 Ca^{2+}(칼슘 이온, 89쪽)처럼 2+로 표기되어 있다. Na^+와 비교하면 2배의 플러스 전기를 띠고 있다는 의미다.

이 전극들에 다음 그림처럼 도선과 꼬마전구를 설치하면 Zn의 전극에서 도선으로 전자가 방출되어 Cu의 전극을 향한다. 다음은 이때의 반응을 나타낸 식이다. Na가 Na^+가 되는 식과 비교해 보면 2배의 전자가 튀어나왔다.

$$Zn \rightarrow Zn^{2+} + 2e^-$$

앞에서 이야기했듯이, 전자가 움직인다는 것은 전기가 흐른다는 뜻이므로 도선과 연결된 꼬마전구에 불이 들어온다.

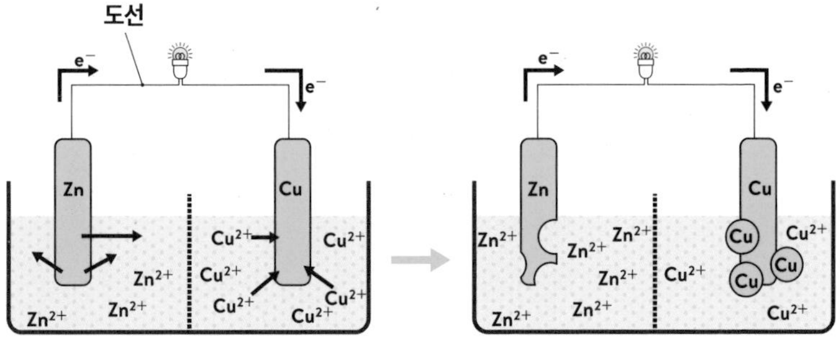

Zn의 전극에서 전자가 방출되는 동시에 Zn이 Zn^{2+}(아연 이온)이 되어 물속에 녹아 나온다.

오른쪽의 그림에서는 전극의 Zn이 감소하고 물속의 Zn^{2+}가 증가했다. 반면에 Cu의 전극에서는 전자가 나오지 않았다. 앞에서 설명한 대로 Zn이 더 전자를 잘 방출하기 때문이다. Zn의 전극에서 나온 전자는 Cu의 전극을 향하지만, Cu는 전자를 받아들이지 못한다(Cu는 플러스가 되기 쉬우므로). 대신 미리 물속에 녹여 놓은 Cu가 전자를 잃은 상태인 Cu^{2+}(구리 이온)가 전자를 받아들인다.

$$Cu^{2+} + 2e^{-} \rightarrow Cu$$

오른쪽의 그림을 보면 전극의 Cu가 증가하고 물속의 Cu^{2+}가 감소했음을 알 수 있다.

이상의 두 가지 화학 반응을 통해서 도선에 전자가 흐르는 메커니즘을 만듦으로써 도선과 연결된 꼬마전구에 불이 들어왔다. 요컨대 화학 반응으로 발생한 에너지를 전기 에너지로 바꾼 것이다.

참고로 황산 아연 수용액과 황산 구리 수용액은 칸막이로 나뉘어 있어서 쉽게는 섞이지 않는다(칸막이가 수용액 속의 이온을 전혀 통과하지 못하게 막는 것은 아니다). 이 칸막이가 없으면 수용액 속에 있는 Cu^{2+}는 Zn의 전극에 쉽게 도달해 Zn으로부터 직접 전자를 받게 되며($Cu^{2+}+2e^{-} \rightarrow Cu$), 그 결과 도선에 전자가 흐르지 않게 된다.

다니엘 전지가 개발된 뒤에도 다양한 금속을 전극으로 사용한 여러 가지 전지가 개발되어 왔다. 망가니즈 전지(망가니즈 Mn, 아연 Zn을 사용), 니켈 카드뮴 전지(전극에 니켈 Ni, 카드뮴 Cd를 사용), 납축전지(납 Pb를 사용) 등이 그것이다. 전극에 사용된 금속은 다르지만, 기본적인 원리는 전부 같다. 또한 니켈 카드뮴 전지와 납축전지는 충전이 가능하다. 니켈 카드뮴 전지는 리튬 이온 전지가 개발되기 전에 보급되었다.

흔히 볼 수 있는 건전지는 Mn을 사용한 망가니즈 건전지와 알칼리(망가니즈) 건전지다. 이것도 건전지 내부의 상세한 구조는 다니엘 전지와 다르지만 원리는 같다. 건전지의 내부에 두 종류의 전극이 있고, 이른바 마이너스 쪽에서 전자가 방출되어 플러스 쪽으로 흘러간다.

조금 복잡한 이야기이지만, 주목해야 할 점은 전기의 흐름(전류)이 전자가 움직이는 방향과는 정반대라는 것이다. 이것은 전자에 관해 잘 모르던 시기에 전류가 플러스에서 마이너스로 흐른다고 결정했기(정의했다) 때문이다.

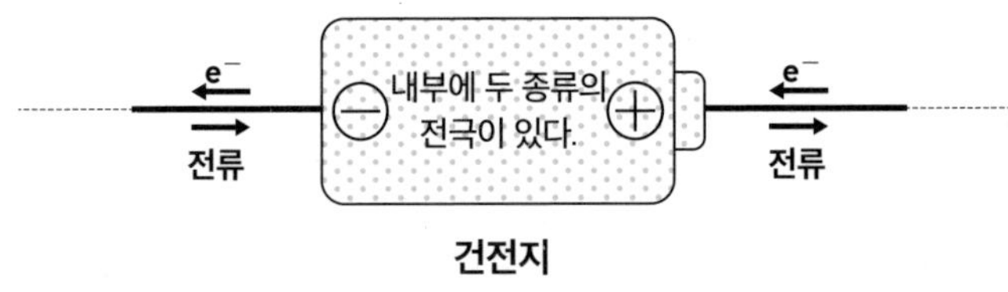

건전지

그러면 망가니즈 건전지의 내부 구조를 살펴보자. 다음 그림은 세세한 부분을 생략하고 단순화한 망가니즈 건전지다. 그런데도 조금은 복잡하지만, 확실히 두 종류의 전극이 다니엘 전지와는 다른 형태로 달려 있음을 알 수 있다. 참고로 이 건전지에 사용된 것은 아연(Zn)과 이산화망가니즈(MnO_2)라는 망가니즈를 포함한 전극이다.

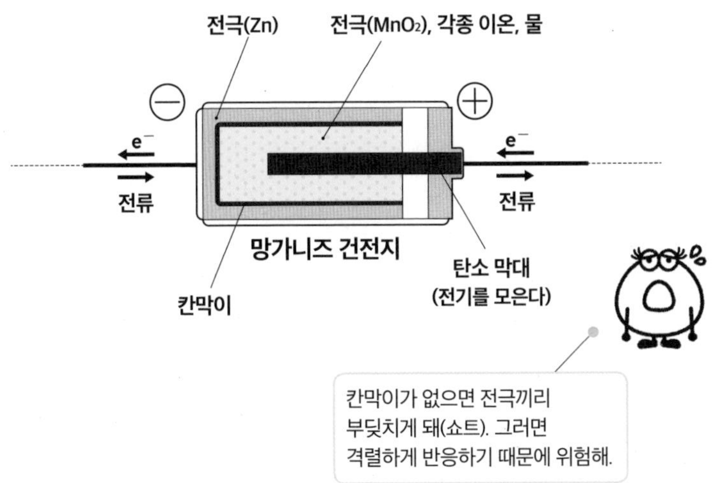

이제 충전 이야기로 넘어가자. 지금까지 전지를 소비하는 '방전'에 관해 설명했는데, 충전을 할 때는 어떤 화학 반응이 일어날까? 실제로 2차 전지(충전해서 반복적으로 사용할 수 있는 전지)로 사용할 수는 없지만, 알기 쉽기 때문에 다니엘 전지를 예로 들어서 충전의 원리를 설명하겠다.

다음 그림을 보면 Zn의 전극이 상당히 소모된 상태이며, 건전지를 사용해서 충전하고 있다. 건전지의 마이너스 쪽에서 전자가 나와 플러스 쪽으로 전자가 들어간다. 다니엘 전지의 방전과는 전자의 움직임이 반대다. 건전지의 힘을 통해 방전할 때와는 반대 방향의 화학 반응이 일어

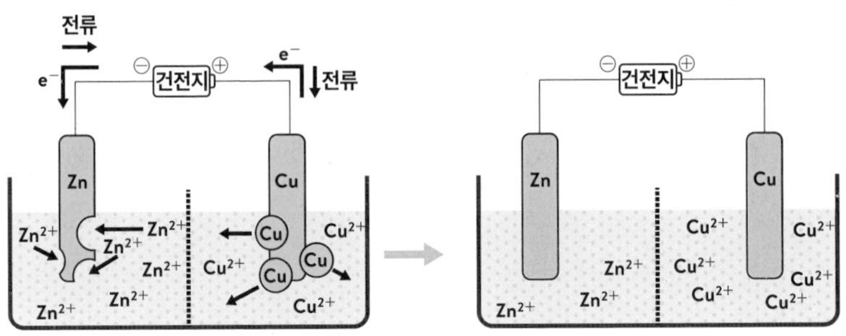

나는 것이다.

Zn의 전극 쪽에서 일어나는 반응을 다음 식으로 나타낼 수 있다. 수용액 속의 Zn^{2+}가 전자와 반응해, Zn이 전극에 달라붙는다.

$$Zn^{2+} + 2e^{-} \rightarrow Zn$$

한편 Cu의 전극 쪽에서는 전극의 Cu가 Cu^{2+}가 되어서 수용액 속으로 녹아 나옴으로써 전극에서 Cu가 떨어져 나간다.

$$Cu \rightarrow Cu^{2+} + 2e^{-}$$

이 반응들은 방전할 때처럼 자연적으로는 일어나지 않으며, 건전지를 사용할 때 비로소 일어난다.

다른 전지를 사용해(혹은 콘센트에 연결해) 방전할 때와는 반대의 반응을 일으키는 것이 충전인 것이다!

또한 이렇게 해서 다니엘 전지를 충전할 수는 있지만, 황산 구리 수용액 속의 Cu^{2+}가 서서히 칸막이를 넘어 왼쪽으로 향해서 전자와 반응해 Cu가 되어 Zn의 전극에 달라붙을 가능성이 있다($Cu^{2+}+2e^{-} \rightarrow Cu$). 그래서 충전을 해도 본래의 상태로 돌아간다고는 말하기 어려우며, 앞에서 말했듯이 실제로 2차 전지로 사용할 수는 없다.

6 리튬 전지와 리튬 이온 전지 Li, Li^+

전지의 충전과 방전에 대해 살펴보았으니 이제 리튬 이온 전지 이야기를 해 보자. 그 전에 먼저 리튬 전지부터 설명하겠다. 리튬 전지는 리튬 이온 전지보다 먼저 개발되었다. 이름에 이온이 들어가지 않는데, 과연 어떤 전지인지 다음 그림을 보자.

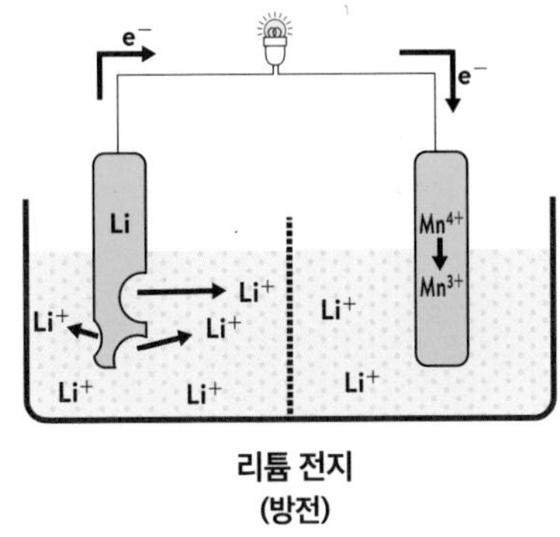

리튬 전지
(방전)

리튬 전지의 왼쪽 전극은 그 이름처럼 리튬이라는 금속으로 만들어져서, 방전할 때는 리튬의 전극에서 전자가 방출된다. 리튬의 원소기호는 Li로, 전자를 하나 방출해 리튬 이온 Li^+가 된다. 참고로 Li는 물과 화학 반응을 일으키기 때문에 전해질인 전지 내부의 액체로 유기 용매(기름 계열의 액체)를 사용한다.

$$Li \rightarrow Li^+ + e^-$$

방출된 전자는 반대쪽의 전극을 향한다. 반대쪽의 전극에는 Mn^{4+}라고 적혀 있다(실제로는 MnO_2의 형태로 존재한다). Mn은 이미 설명한 대로 망가니즈라는 금속의 원소기호로, 도선을 통해서 들어온 전자를 하나 받아들여 Mn^{4+}에서 Mn^{3+}가 된다.

전자를 하나 받아들였기 때문에 망가니즈의 +가 1 감소한 것이다.

$$Mn^{4+} + e^- \rightarrow Mn^{3+}$$

여기에서는 식을 간단히 적었는데,
실제로는 오른쪽의 전극에 Li^+가 들어가서
$MnO_2 + e^- + Li^+ \rightarrow LiMnO_2$가 돼.

참고로 전자를 받는 오른쪽의 전극에는 그 밖에도 여러 종류가 있다. 예를 들면 FeS, CuO, (CF)*n*, $SOCl_2$ 등이 사용되고 있다. 이 가운데 금속이 포함되어 있는 전극은 FeS(황화 철, Fe는 철이다), CuO(산화 구리)다. (CF)*n*(불화 흑연)과 $SOCl_2$(염화 티오닐)에는 금속이 들어 있지 않다.

이렇게 보면 리튬 이온은 다니엘 전지와는 조금 다른 전지처럼 생각되지만, 한쪽의 전극에서 화학 반응이 일어나 전자가 발생하고 그 전자가 다른 쪽 전극에 도달해 화학 반응이 일어난다는 일련의 흐름은 공통적이다.

이번에는 리튬 전지의 장점에 관해 이야기하겠다. 한쪽 전극에 Li를 사용하면 큰 이점이 있다. Li는 플러스 이온이 되기가 매우 쉬운 금속이기 때문이다. 앞에서 등장한 Zn보다도 더 플러스 이온이 되기 쉽다.

Li > Zn > Cu

← 플러스 이온이 되기 더 쉽다.

리튬 전지는 기존의 전지와 비교해 힘이 매우 강하다. 이것은 Li가 이온이 되기 쉽기 때문이다. 즉, 전극의 Li가 Li^+로서 점점 녹아 그만큼의 전자가 전극에서 방출되는 것이다. 힘이 강해서 리튬 전지는 동전형 전지처럼 소형화해서도 사용할 수 있다(원통형도 있다). 동전형 전지의 상세한 내부 구조는 앞에서 소개한 그림과는 다르지만, 원리나 전극은 같다. 또한 리튬은 가장 가벼운 금속이어서 전지를 경량화할 수 있다는 이점도 있다.

충전에 관해서는 이미 설명했지만, 전지는 충전을 할 수 있느냐 없느냐가 중요한 포인트가 된다. 예를 들어 스마트폰을 사용하는 사람은 일상적으로 충전을 하고 있을 것이다. 리튬 전지는 작고 가벼우면서도 힘이 매우 강한 우수한 전지이지만, 2차 전지로 사용할 수는 없다. 그 이유를 알기 위해 리튬 전지의 충전에 관해 살펴보자.

앞에서 말했듯이 충전은 방전할 때와는 반대의 반응이 일어나는 것이다. 충전을 하면 액체 속의 Li^+가 전자를 받아들여서 Li가 된다($Li^+ + e^- \rightarrow Li$). 생성된 Li는 왼쪽의 전극에 달라붙는데, 이때 전극의 표면이 울퉁불퉁한 상태가 되어 버린다. 그리고 방전과 충전을 반복하는 사이에 그 울퉁불퉁한 상태가 커져 다음 그림 같은 상태가 된다.

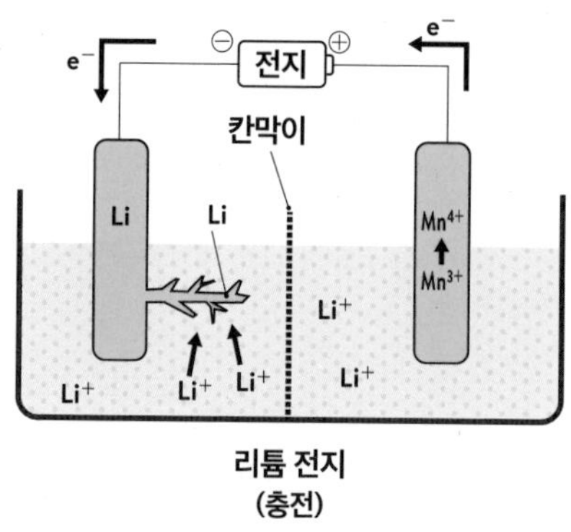

리튬 전지
(충전)

나뭇가지 모양의 돌기가 뻗어 나와 칸막이를 뚫고 다른 쪽 전극에 닿게 된다. 이 돌기는 물론 Li로 만들어져 있으므로 전극 사이에서 직접 전류가 잔뜩 흐르게 된다. 그 결과 전지 내부의 온도가 상승하며, 폭발할 우려도 있어서 매우 위험하다. 이런 큰 문제가 있기 때문에 리튬 전지를 2차 전지로 사용하기 어려운 것이다.

그렇다면 리튬 이온 전지는 어떤 전지일까? 앞에서 이야기했지만 이 전지도 리튬 전지와 마찬가지로 소형화해도 힘이 있으며 게다가 가볍다. 그런데 리튬 이온 전지에는 충전이 가능하다는 커다란 이점이 있다.

다음은 리튬 이온 전지를 나타낸 그림이다. 왼쪽의 전극에서는 탄소가 층을 이루고 있다. 이쪽 전극을 A라고 하자. 한편 오른쪽의 전극 B는 리튬 코발트 산화물로 만들어졌다. 코발트는 금속의 이름으로, 원소기호는 Co다. 자세히 보면 Co 이외에 O(산소)와 Li^+, 그리고 e^-(전자)가 보인다. 이쪽도 층을 이루고 있으며, Li^+는 층과 층 사이에 존재한다. 또한 리튬 전지와 똑같이 전지 내부의 액체로는 유기 용매(기름 계열의 액체)를 사용한다.

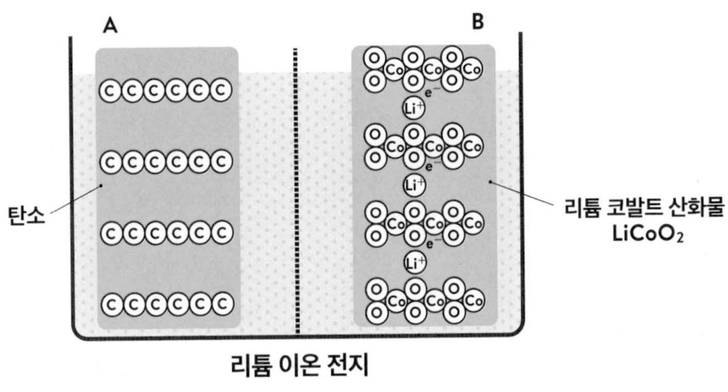

리튬 이온 전지

그러면 조금 더 자세히 살펴보기로 하고, 일단 충전 과정부터 설명하겠다. 리튬 이온 전지를 충전하기 위해 같은 방법으로 건전지를 세팅하면 다음 그림과 같다. 건전지의 마이너스 쪽에서 전자가 나와 플러스 쪽으로 들어가는 흐름이 되는데, 그 과정에서 전극 B에 있던 전자는 도선을 통해 전극 A로 이동한다.

이동 후 전극 A에서는 전자가 탄소층의 근처에 존재한다. 또한 전극 B에 있던 Li^+는 전지 내부를 통해 전극 A로 이동한다. 층을 이루고 있는 탄소 사이에 Li^+가 들어 있다. 이것으로 충전이 완료되었다.

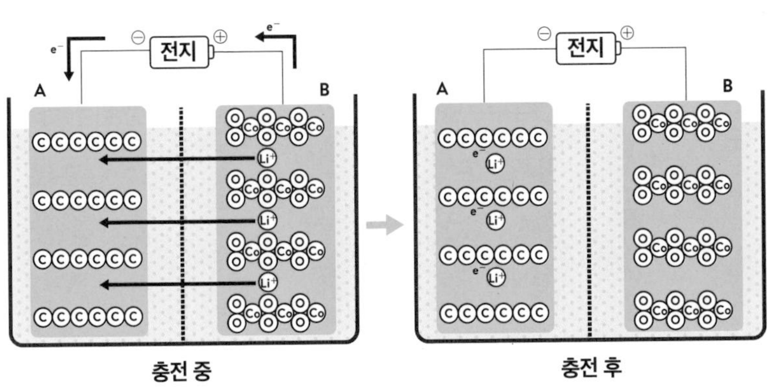

충전 중

충전 후

다음에는 방전에 관해 설명하겠다. 도선에 꼬마전구를 연결하면 충전할 때와는 반대 현상이 일어난다. 전극 A에 있던 전자는 도선을 통해 전극 B로 향하므로, 도선과 연결되어 있는 꼬마전구를 밝힌다. 한편 Li^+는 전지 내부를 통해 전극 B로 이동한다.

이렇게 해서 전자도 Li^+도 전극 B에 들어감으로써 원래의 상태로 돌아갔다. 충전 중이든 방전 중이든 도선에 전자가 흐르는 동시에 Li^+가 전극에서 전극으로 이동하는 것이다.

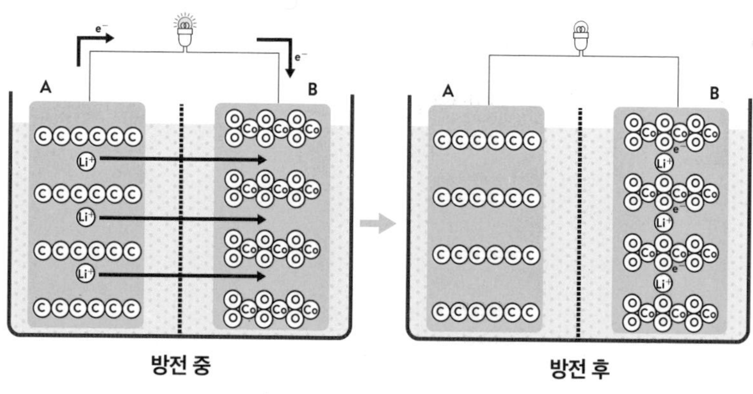

다니엘 전지나 리튬 전지의 경우는 전극의 금속이 녹아 나오거나 전극에 금속이 달라붙었다. 그러나 리튬 이온 전지의 경우는 전극에 그런 커다란 변화가 일어나지 않으며, 위의 그림처럼 전극의 내부에서만 변화가 일어나도록 만들어져 있다. 그 덕분에 효율적으로 충전과 방전을 할 수 있는 것이다.

앞에서 리튬 전지는 Li가 나뭇가지의 형태로 전극에 달라붙어서 위험하기 때문에 2차 전지로 사용하기가 어렵다고 설명했다. 리튬 이온 전지는 충전할 때 전극에 Li가 달라붙지 않도록(Li^+가 Li가 되지 못하도록) 만들어져 있기 때문에 안전성이 높아졌다. 그래서 리튬 이온 전지는 2차 전지로 사용할 수 있는 것이다.

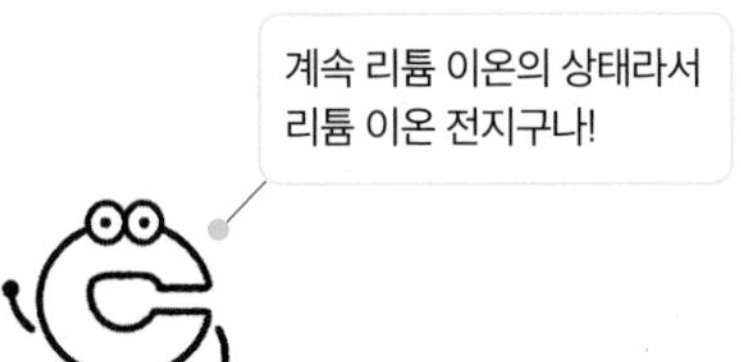

Li에서 Li^+로 변환되거나
Li^+에서 Li로 변환되지
않는데 전자가
흐르니까 효율적이야.

또한 앞에서 설명한 대로, 리튬 전지는 Li가 이온이 되기 쉬워서 힘이 매우 강하다면 리튬 이온 전지의 경우는 탄소 전극에서 Li^+가 나가기 쉽기 때문에 강한 힘을 지니게 된다.

Chapter

6

그 밖의 화학식을 살펴보자

드디어 마지막 장이다. 이번에는 집 밖에 있는 것들을 화학의 관점에서 살펴보자.

1 휘발유는 어떻게 에너지로 변환될까?

우리는 야외에서 이동할 때 도보 · 자전거 · 버스 · 모터사이클 · 자동차 등 다양한 이동 수단을 이용하는데, 이 가운데 사람이 그다지 힘을 쓰지 않고도 사용할 수 있는 것은 자동차나 모터사이클 등 '휘발유'를 연료로 사용하는 수단이다.

자동차나 모터사이클 등의 연료로 사용되는 휘발유는 본래 석유에서 얻는다. 전 세계 대부분의 나라가 석유를 수입에 의존한다. 석유 생산국 가운데 사우디아라비아가 대표적이고 주로 중동 지역에 몰려 있다.

앞에서 비누와 관련하여 물과 기름에 대해 설명할 때, 잠시 석유에 대해 언급했다. 석유는 물과 기름 중 어느 쪽인가 하면, 이름에서 알 수 있듯이 물론 기름이다. 그리고 석유에서 얻는 휘발유도 당연히 기름이다. 흔히 석유는 검고 끈적끈적한 액체로 알고 있지만, 물처럼 묽은 것도 있다고 한다.

석유는 생물이 죽은 뒤 지하 깊숙한 곳에서 균에 의해 분해되고 열과 압력을 받아 고체화되어서 만들어진 것으로 생각되고 있다(여러 가지 설이 있다). 지하 1,000~4,000미터 깊이에서 발견될 때가 많지만, 그보다 더 깊은 곳에서 발견되기도 한다. 무려 수억 년 전의 생물에서 유래한 것으로 추정된다.

이렇게 해서 만들어진 석유 속에는 어떤 분자가 들어 있을까? 앞에서 언급했듯이, 석유에는 탄소 원자 C와 수소 원자 H만으로 구성된 분자가 잔뜩 들어 있는데, 그 수는 수백억 종류(!)에 이른다. 이런 분자를 탄화수소라고 부른다는 이야기도 앞에서 했다.

탄소의 수만을 보면, 탄소가 1개인 것부터 50개 정도인 것까지 있다. 이를테면 다음과 같은 구조다.

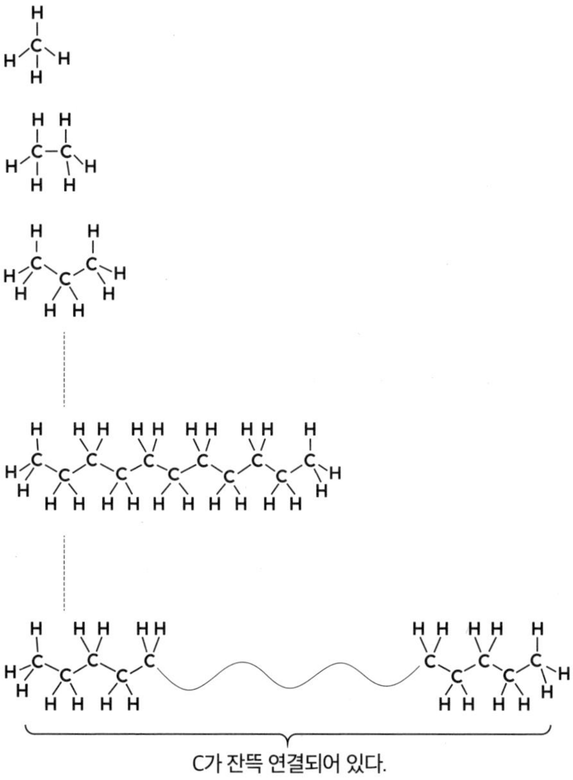

C가 잔뜩 연결되어 있다.

유지에 들어 있는 구조처럼 곧게 연결되어 있다. 개중에는 다음 그림과 같이 고리를 이룬 분자도 있다. 이것도 비누에 관해 이야기할 때 소개한 바 있다(113쪽).

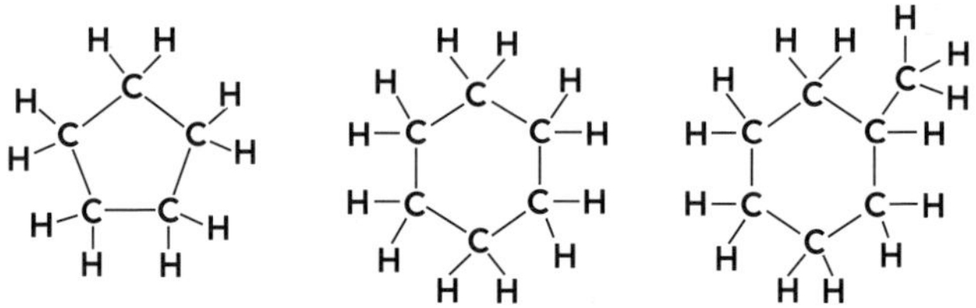

석유는 그 안에 존재하는 분자의 탄소 수를 기준으로 천연가스, 나프타, 등유, 경유, 잔사유 등으로 분류한다. 탄소 원자 C와 수소 원자 H만으로 구성된 분자가 들어 있지만, 탄소의 수만을 적어서 C_1이나 C_5와 같이 나타낸다. 이것은 석유의 분야에서 일반적으로 사용하는 표기 방식인데, 화학 분야에서는 거의 찾아볼 수 없다(화학에서는 C_1의 작은 1을 생략한다).

천연가스를 보면 C_1–C_4라고 적혀 있다. 이것은 C가 1개 들어 있는 분자부터 4개 들어 있는 분자까지가 이 범주에 속한다는 의미다. 그 예로 탄소 C를 2개 가진 분자인 에테인과 3개 가진 분자인 프로페인의 구조를 다음 그림으로 나타냈다. 물론 지금까지 살펴봤듯이 각 분자에는 수소 몇 개가 붙어 있다.

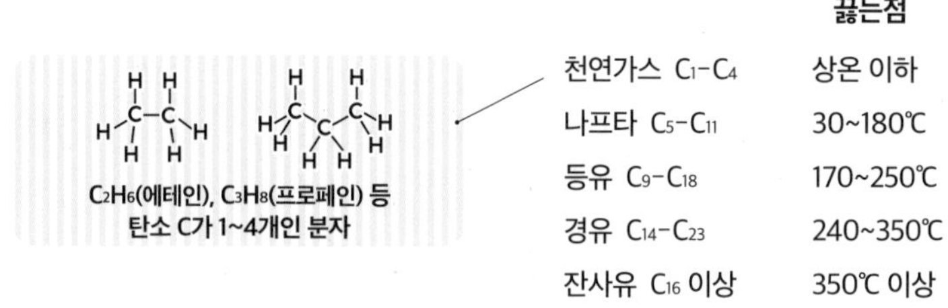

		끓는점
천연가스	C_1–C_4	상온 이하
나프타	C_5–C_{11}	30~180℃
등유	C_9–C_{18}	170~250℃
경유	C_{14}–C_{23}	240~350℃
잔사유	C_{16} 이상	350℃ 이상

가장 오른쪽 항목 위를 보면 '끓는점'이라고 적혀 있는데, 끓는점은 분자에 따라 값이 다르다. 그래서 범위로 나타낸다. 사실 석유의 성분은 끓는점을 기준으로 분류된다. 끓는점 항목을 보면 그 값이 아래로 내려갈수록 점점 높아짐을 알 수 있을 것이다. 예를 들어 맨 위에 있는 C_1–C_4는 끓는점이 상온 이하이며, 따라서 이 범주에 포함되는 분자는 기체다. 이것은 천연가스라는 명칭에서도 알 수 있다. C_3의 분자인 프로페인은 흔히 '프로페인 가스'로 알려져 있다. 분자가 작으면(원자의 수가 적으면) 기체가 되는 경향이 있다.

천연가스 외에도 H_2나 O_2, N_2 등의 작은 분자는 기체였음을 떠올리면 이해가 쉬울 것이다.

이처럼 끓는점을 기준으로 분류한 이유는 석유 속의 분자를 증류라는 기술로 분리했기 때문이다. 증류라는 용어는 학교 교과서에도 실려 있다. 어쩌면 수업시간에 직접 실험을 해본 사람도 있을지 모른다. 또한 '증류주'라는 말을 들어 본 사람도 있을 것이다.

이 기술을 사용하면 두 종류 이상의 분자가 섞여 있는 것을 분리해 낼 수 있다. 어떤 기술인지 기억이 나는가? 바닷물이라는 구체적인 예를 통해 기억을 되살려 보겠다. 앞에서 이야기했듯이 바닷물에서 소금(NaCl)을 채취하고 싶을 때는 바닷물을 증발시키면 되는데(37쪽), 반대로 소금을 제거하고 물만을 얻고 싶을 때는 증류 기술이 필요하다.

다음 그림처럼 실험을 해 보자. 바닷물(주로 H_2O와 NaCl)이 들어 있는 둥근 플라스크와 가스버너를 준비한다. 플라스크의 목 부분은 냉각수가 흐르는 냉각기로 감싼다. 그리고 냉각기 끝에는 삼각 플라스크를 놓는다.

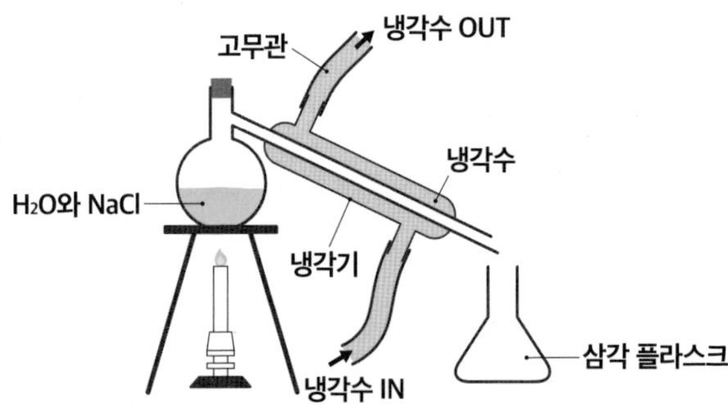

증류를 하려면 둥근 플라스크에 들어 있는 바닷물을 끓인다. 가열을 계속하면 섭씨 약 100도에서 바닷물이 끓고(사실은 NaCl의 영향으로 섭씨

100도보다 약간 높은 온도에서 끓는다. '끓는점 오름'이라는 현상이다), 기체인 H_2O가 기세 좋게 튀어나온다.

잠깐, 여기서 끓는다는 현상을 분자의 수준에서 확인하고 넘어가자. 우리는 평소에 전기 주전자나 주전자를 사용해 물을 끓인다. 끓는다는 것은 가열한 에너지에 분자가 움직여 물의 내부에서 밖으로 뛰쳐나가는 현상이다. 물이 끓으면 물의 내부에서 기포가 부글거리며 뛰쳐나가는 것이 보이는데, 그 기포가 바로 기체가 된 물의 분자다.

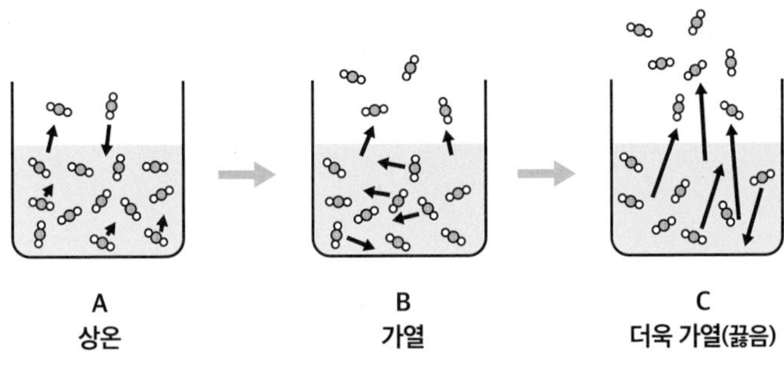

그림 A를 보면 알 수 있듯이 상온에서도 물 분자는 운동을 한다. 물속을 돌아다니는 것이다. 일정 수의 물 분자는 수면에서 밖으로 뛰쳐나가거나 돌아온다. 물의 분자는 상온에서도 수면을 통해 액체와 기체의 상태를 오가는 것이다.

가열하면 분자의 움직임이 활발해져 수면에서 밖으로 뛰쳐나가는 분자가 늘어난다(그림 B). 그리고 더욱 가열해서 끓는점(섭씨 100도)이 된 상태가 그림 C다. 물 분자의 움직임이 더욱 격렬해져, (수면에서뿐만 아니라) 물의 내부에서도 기세 좋게 분자가 외부로 뛰쳐나간다. 이것이 물이 끓는 상태다. 이 현상은 물의 분자에서만 일어나는 것이 아니다. 에탄올(C_2H_5OH, 술의 성분)도, 석유에 들어 있는 분자도 마찬가지다.

그러면 다시 증류 이야기로 돌아가자. 끓어오른 H_2O가 기체의 상태로 기세 좋게 뛰쳐나간 뒤, 물 분자는 냉각기의 냉각수에 식어서 액체 상태의 H_2O로 돌아가 삼각 플라스크에 고인다.

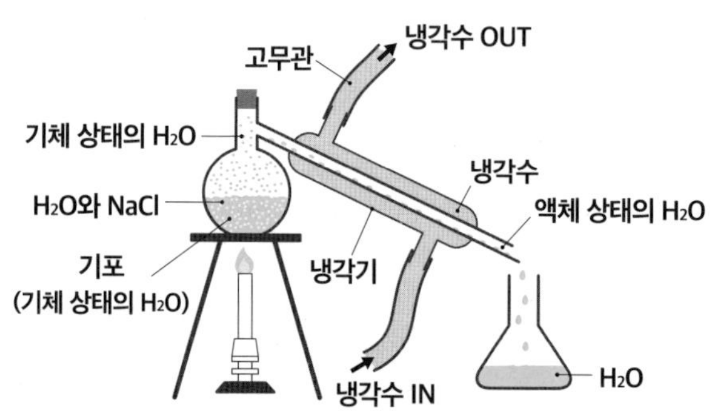

NaCl은 왼쪽 플라스크 속에 그대로 남아 있다. 가열을 계속하면 H_2O와 NaCl을 분리시킬 수 있다. NaCl은 본래 고체이며, H_2O는 액체였다. 증류를 하면 고체와 액체를 분리시킬 수 있는 것이다.

다시 석유 이야기로 돌아가자. 석유는 탄소의 수를 기준으로 분류되는데, 본래는 섞여 있는 상태다. 앞에서 이야기했듯이 수백만 종류의 기체와 액체 분자가 섞여 있는 것이다. 이런 다양한 분자가 섞여 있는 석유를 증류하는 것은 바닷물의 경우처럼 간단하지 않다.

또한 물은 섭씨 100도에서 끓지만 석유 속에 들어 있는 분자의 끓는점은 섭씨 100도가 아니다. 분자의 종류에 따라 각각 끓는점이 다른데, 예를 들면 다음과 같다.

		끓는점
메테인	CH_4	−162℃
에테인	C_2H_6	−89℃
프로페인	C_3H_8	−42℃
헥세인	C_6H_{14}	69℃
옥테인	C_8H_{18}	126℃
도데케인	$C_{12}H_{26}$	215℃
물	H_2O	100℃
에탄올	CH_3CH_2OH	78℃

탄소와 수소만으로 구성된 분자는 역시 큰 분자일수록 끓는점이 높아지는 경향이 있다. 한편 물의 끓는점은 물론 섭씨 100도이며, 에탄올은 섭씨 78도다. 이 두 분자는 크기에 비해 끓는점이 높은데, 그 이유는 물도 에탄올도 머리카락에 관해 이야기할 때 나온 '수소 결합'을 형성하기 때문이다(126쪽). 산소와 수소가 연결되어 있는 부분은 각각 약간의 마이너스와 플러스 전기를 띤다(44쪽). 그래서 수소 결합으로 분자끼리 서로 끌어당기기 때문에 분자의 크기에 비해 끓는점이 높아진다(분자가 액체의 내부에서 잘 뛰쳐나오지 않게 된다).

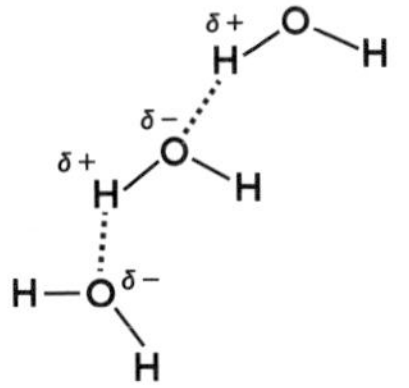

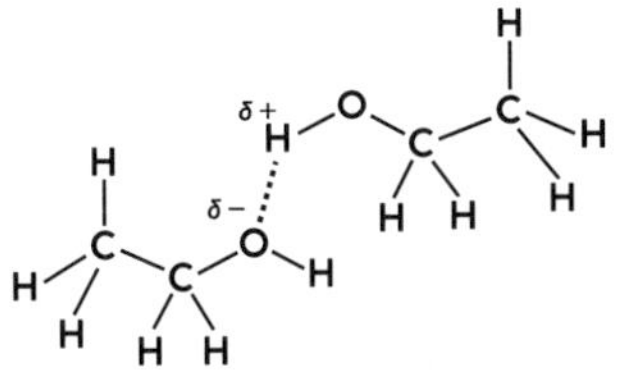

참고로 앞에서 잠깐 언급했던 증류주는 에탄올과 물이 섞인 액체를 증류해 에탄올을 우선 추출함으로써 에탄올의 농도를 높인 술이다. 끓는점이 낮은 쪽의 분자부터 추출되는 원리를 이용한 것이다.

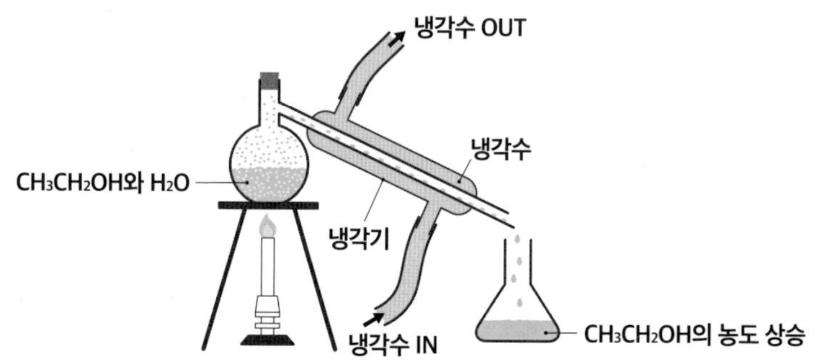

석유도 증류주를 만들 때와 같다. 여기에서도 석유를 가열하면 끓는점이 낮은 분자부터 추출된다는 것을 상상할 수 있다. 다시 말해 증류를 통해 석유에 들어 있는 분자를 분리할 수 있는 것이다.

다만 석유 속의 분자를 한 종류만 분리할 수 있는 것은 아니며, 끓는점이 비슷한 것을 함께 추출한다. 다음 쪽의 모식도는 그 모습을 나타낸 것이다. 오른쪽에 분리되어서 얻은 것이 적혀 있는데, 이것은 처음에 소개한 석유의 분류와 같다. 증류를 통해서 분리하는 범주별로 이름이 지어진 것이다.

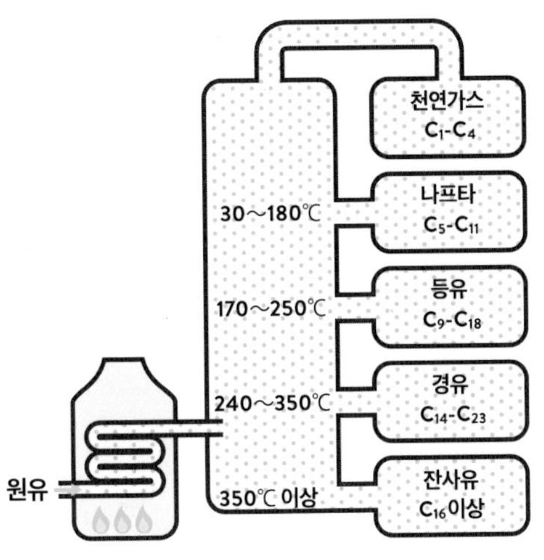

증류 전 석유는 원유라고 부른다. 장치의 형태가 증류를 설명하면서 그린 것과는 상당히 다르지만, 원리는 같다. 원유를 가열해서 기체로 만들고, 냉각해서 액체로 되돌린다(천연가스는 계속 기체 상태다). 끓는점의 차이를 이용해서 증류해 석유의 성분을 나누는 것이다.

이렇게 해서 분리한 범주별로 다시 가공해 제품으로 만든다. 예를 들어 휘발유는 나프타에서 만들 수 있다. 나프타에 전용 시약을 첨가하고 가열해 화학 반응을 일으키고, 다시 다른 첨가물을 조합해 휘발유로 만든다(참고로 나중에 다루게 될 중유와 경유에서도 휘발유를 만든다). 따라서 휘발유 속에는 여러 가지 분자가 들어 있다. 그리고 모두가 아는 것처럼 자동차 등을 움직이는 원동력이 된다.

또한 지금까지 나온 화학제품을 예로 들면, 의류에 관해 이야기할 때 등장한 폴리에스테르의 재료도 석유의 성분에서 화학 반응을 통해 만들 수 있다(170쪽). 조금 전문적인 내용이지만 206쪽에서 소개하겠다.

참고로 원유를 증류한 결과 장치의 하부에 쌓인 잔사유는 압력이 낮은 상태에서 다시 한번 증류되어 중유와 윤활유, 아스팔트로 분리된다. 잔사유는 끓는점이 매우 높기 때문에 끓는점을 낮추는 것이다(압력을 낮추면 끓는점이 낮아진다).

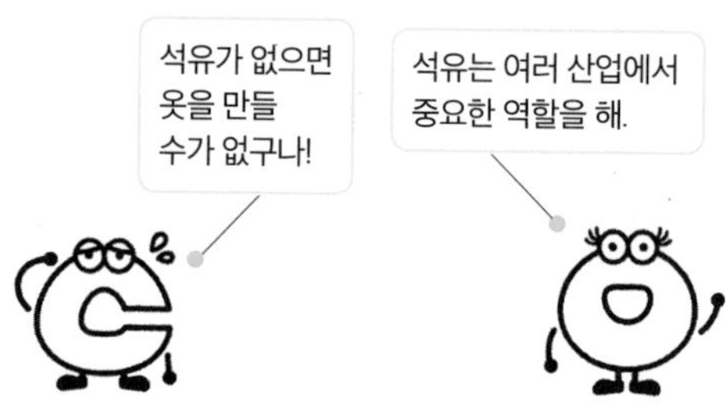

그런데 휘발유는 어떻게 에너지로 변환되는 것일까? 휘발유 속에는 여러 가지 성분이 들어 있는데, 여기에서는 화학식이 C_8H_{18}인 탄화수소를 예로 들어 생각해 보자. 다음의 화학 반응식을 살펴보자.

$$C_8H_{18} + 12.5O_2 \rightarrow 8CO_2 + 9H_2O + \text{에너지}$$

탄화수소 분자와 산소를 혼합하여 불을 붙이면 불타올라서 에너지가 만들어진다.

산소가 없으면 물질은 불타지 않는다는 사실을 아는가? 그 산소가 화학 반응식의 왼쪽에 적혀 있는 산소다. 물질이 산소와 함께 빛이나 열을 발생시키면서 반응하는 것이 바로 연소다(1장에서도 수소의 연소를 소개했다).

이런 화학 반응이 엔진 속에서 일어나고, 그 에너지가 이용되어서 자동차가 움직인다. 그리고 이때 물과 이산화 탄소가 생겨난다.

그런데 산소의 앞에 적혀 있는 12.5가 소수이다 보니 잘 이해가 안 될 것이다. 12.5개분의 산소라는 것이 상상이 잘 안 될 수 있는데, 식 전체에 2를 곱해 보면 이해하기가 쉬울 것이다.

$$2C_8H_{18} + 25O_2 \rightarrow 16CO_2 + 18H_2O + \text{에너지}$$

(앞의 식의 2배 분량)

이와 같이 엔진에서 휘발유의 분자(탄화수소)를 불태워 에너지를 발생시키고 그 에너지로 자동차 등을 움직인다. 실제로는 휘발유가 이산화 탄소와 물로 변환되기까지 더 복잡한 과정을 거친다고 하는데, 이 과정은 전문가의 연구 대상이다.

그런데 이 공식을 좀 더 자세히 살펴보면 이미 앞에서 소개한 아래의 호흡의 화학 반응식과 유사함을 알게 될 것이다(23쪽).

$$C_6H_{12}O_6 + 6O_2 + 6H_2O \rightarrow 6CO_2 + 12H_2O + \text{에너지}$$

동물의 호흡에서는 생체 내의 효소가 반응을 촉진해 에너지를 만든다. 휘발유의 연소에서는 불을 붙이면 반응이 일어나서 에너지를 얻게 된다. 반응의 촉발 요인이 전혀 다르지만, 우리 몸과 자동차의 활동을 비슷한 화학 반응식으로 나타낼 수 있다는 것이 신기하다.

2 석유에서 만들 수 있는 것 ✦조금 더 자세히!✦

앞에서 석유를 분리시키고 화학 반응을 통해 변환하면 폴리에스테르의 재료를 얻을 수 있다고 설명했다. 이제 그 부분에 대해 좀 더 구체적으로 알아보자.

폴리에스테르라고 하면 일반적으로 폴리에틸렌 테레프탈레이트를 가리킨다. 폴리에틸렌 테레프탈레이트는 수많은 분자가 연결된 고분자다. 이 고분자를 만들기 위한 재료는 테레프탈산과 에틸렌글라이콜인데, 이 두 분자는 석유에서 인공적으로 만들 수 있다.

테레프탈산은 나프타의 열분해와 화학 반응을 거쳐 얻는 파라자일렌을 화학 반응을 통해 변환시켜 얻을 수 있다.

파라자일렌을 산소 분자(O_2)가 존재하는 상태에서 코발트(Co)와 망가니즈(Mn)라는 금속의 원소, 그리고 브로민(Br)이 들어 있는 화학 약품과 반응시킨다. 이 화학 반응은 섭씨 200도가 넘는 높은 온도에서 이루어지는데, 이 반응이 진행되기 위해서는 많은 에너지가 필요하다. 반응 후에는 양쪽 끝의 탄소 원자 C에 수소 원자 H가 3개 붙어 있었던 부분이 변환되었음을 알 수 있을 것이다. 산소 원자 O가 주어졌으므로 산화 반응이다(131쪽). 이런 방법으로 석유에서 얻는 분자로부터 화학 반응을 통해 테레프탈산을 만들 수 있다.

또 하나의 재료인 에틸렌글라이콜도 석유에서 얻는 에틸렌이라는 분자로부터 화학 반응을 통해 만들 수 있다. 에틸렌은 탄소가 2개의 선으로 연결되어 있고 수소가 4개 붙어 있는 분자로, 천연 가스나 나프타를 열분해해서 얻을 수 있다.

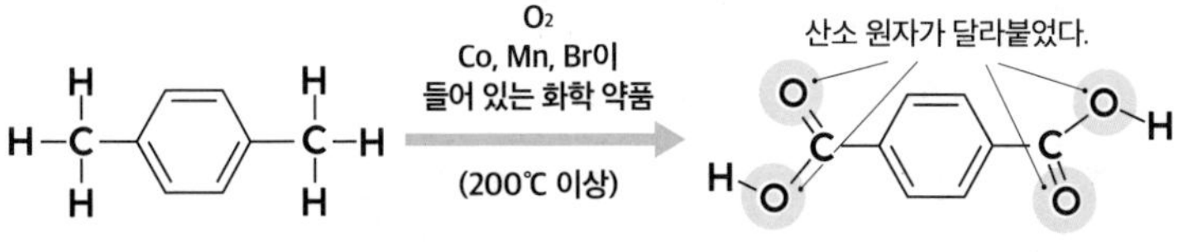

O_2
Co, Mn, Br이
들어 있는 화학 약품
(200℃ 이상)

산소 원자가 달라붙었다.

파라자일렌 C_8H_{10}
(석유에서 얻을 수 있다.)

테레프탈산 $C_8H_6O_4$
(의류의 재료)

먼저 역시 산소 분자(O_2)가 존재하는 상태에서 은(Ag)과 알루미나(Al_2O_3, Al은 알루미늄의 원소기호)라는 물질이 섞인 화학 약품을 이 분자에 반응시킨다. 그러면 화학 반응을 통해 에틸렌에 산소 원자 O가 달라붙어서 삼각형 구조의 분자(에틸렌옥사이드)로 변환된다. 이때도 섭씨 200~300도의 높은 온도가 필요하다. 이어서 변환된 분자를 물과 고온에서 반응시키면 H_2O가 붙어서 에틸렌글라이콜을 얻을 수 있다.

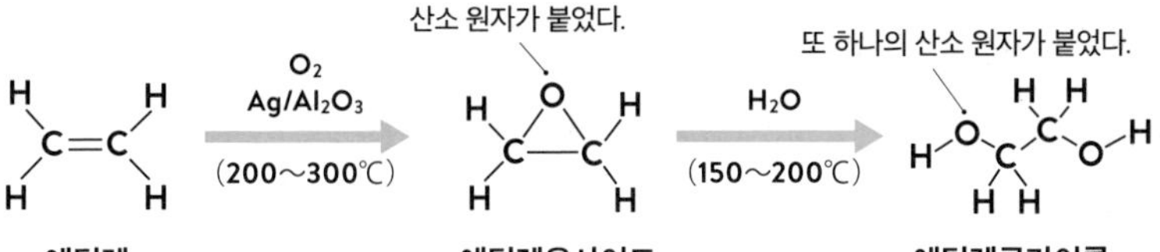

산소 원자가 붙었다.
또 하나의 산소 원자가 붙었다.

O_2
Ag/Al_2O_3
(200~300℃)

H_2O
(150~200℃)

에틸렌
C_2H_4
(석유에서 얻을 수 있다.)

에틸렌옥사이드
C_2H_4O

에틸렌글라이콜
$C_2H_6O_2$
(의류의 재료)

이와 같이 화학 반응을 이용해 석유에 들어 있는 분자로부터 의류나 페트병의 소재인 폴리에틸렌 테레프탈레이트의 재료를 만들 수 있다. 두 재료 모두 탄소 원자와 수소 원자만으로 구성된 분자에 산소 원자를 추가해서 만들었다. 자연계에서 얻은 분자를 인간이 화학 반응으로 가

공해 제품화한 것이다.

3 타이어의 재료인 고무의 화학식은 $(C_5H_8)_n$

석유와 휘발유에 이어 이번에는 자동차와 관련된 타이어를 화학의 관점에서 살펴보도록 하자.

타이어가 고무로 만들어졌다는 사실은 다 알고 있을 터인데, 그 고무를 구성하는 분자는 어떤 분자가 수없이 연결되어서 커진 것이다. 지금까지 여러 차례에 걸쳐 이야기했지만 이런 분자를 고분자라고 부른다.

고무에는 탄성이 있다. 탄성은 고무의 특징으로, 구부리거나 늘이면 원래의 상태로 돌아가려고 하는 힘이 작용한다. 고무가 지닌 탄성을 분자의 수준에서 생각해 보자.

고무를 구성하는 여러 분자 가운데 대표적인 것은 폴리이소프렌이다. 폴리이소프렌은 이소프렌이 잔뜩 연결된 분자다. 다시 한번 말하지만 '폴리'는 '많은'이라는 의미다(142쪽). 먼저 이소프렌의 구조와 화학식을 살펴보자.

이소프렌
C_5H_8

이번에는 이소프렌을 단순한 사각형으로 나타내어 설명하겠다. 참고로, 이소프렌은 석유로부터 얻을 수 있는 나프타(196쪽)에 다시 열을 가해서 만들 수 있다. 이소프렌 역시 석유에서 유래한 분자인 것이다. 그리고 화학 반응을 통해 이 분자를 인공적으로 연결하면 폴리이소프렌이 만들어진다. 그 화학식은 $(C_5H_8)_n$이다. $TiCl_4-Al(C_2H_5)_3$라는 특수한 약품을 사용해서 화학 반응을 일으키면 폴리이소프렌이 만들어져 고무가 되는 것이다.

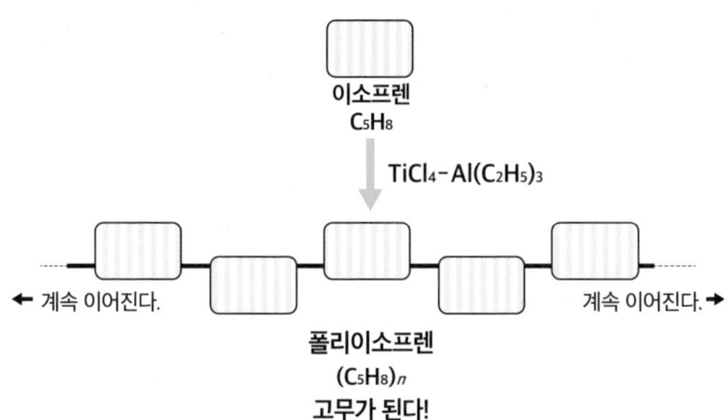

이것은 매우 훌륭한 반응인데, 왜냐하면 다른 방법으로는 연결 방식이 다른 폴리이소프렌이 생기는 경우가 많기 때문이다. 그런 폴리이소프렌은 연결 방식뿐만 아니라 성질도 달라서, 플라스틱처럼 딱딱한 분

자다(그런 폴리이소프렌이 우선적으로 만들어지는 방법도 있고, 소량만 포함되는 방법도 있다).

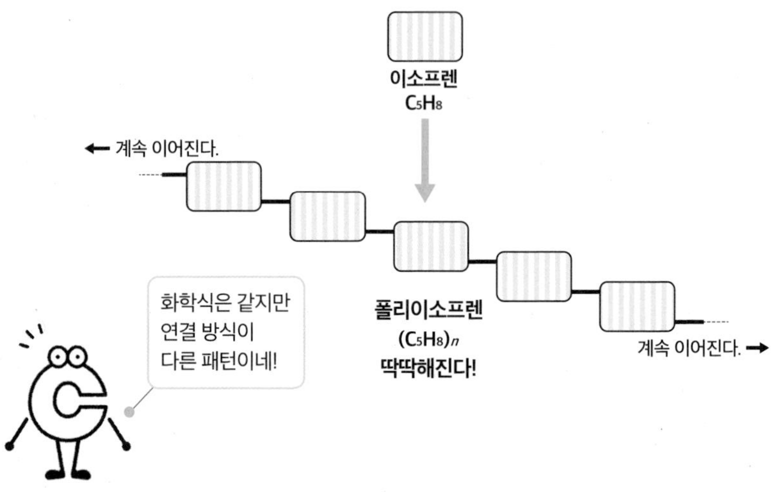

자, 그러면 복잡한 약품 $TiCl_4-Al(C_2H_5)_3$에 관해 설명할 텐데, 매우 어렵기 때문에 간단히 짚고 넘어가겠다.

'Ti'는 티타늄이라는 금속의 원소기호다. '티타늄 합금'이라든가 '티타늄 도금'이라는 말을 들어 보았을 것이다. 'Al'은 알루미늄이라는 금속의 원소기호다. 이것은 알루미늄 캔이나 1원짜리 동전에 사용되는 친근한 금속이다.

$TiCl_4-Al(C_2H_5)_3$는 이 두 종류의 금속이 들어 있는 약품으로, 이 약품이 이소프렌의 연결 방식을 적절히 조절한다는 사실이 발견되었다. 참고로 $TiCl_4-Al(C_2H_5)_3$는 '지글러 나타 촉매'라고 부른다. '촉매'는 효소처럼 반응을 돕는 것이다. 이 촉매의 발견은 높이 평가되어 개발자인 카를 지글러와 줄리오 나타는 1963년에 노벨 화학상을 받았다.

사실은 다른 방법도 있어.
알킬리튬이라는 약품을 사용하면
고무의 성질을 지닌 폴리이소프렌을
높은 비율로 만들 수 있거든.

다시 폴리이소프렌의 이야기로 돌아가서, 연결 방식이 다른 두 폴리이소프렌은 왜 성질에 차이가 있는 것일까? 먼저 그 분자들의 구조가 어떻게 다른지 살펴보자. 앞에서 모식도로 나타냈던 두 폴리이소프렌에 대략적으로 보조선을 그으면 이 구조들의 차이가 명확해진다.

고무의 성질을 지닌 폴리이소프렌을 A, 딱딱해지는 폴리이소프렌을 B라고 하자.

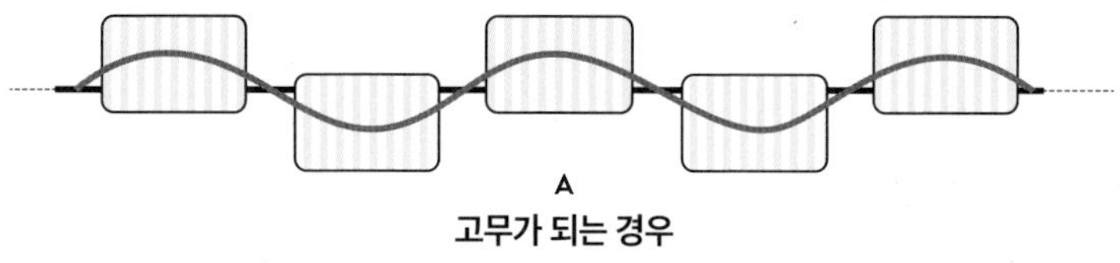

A
고무가 되는 경우

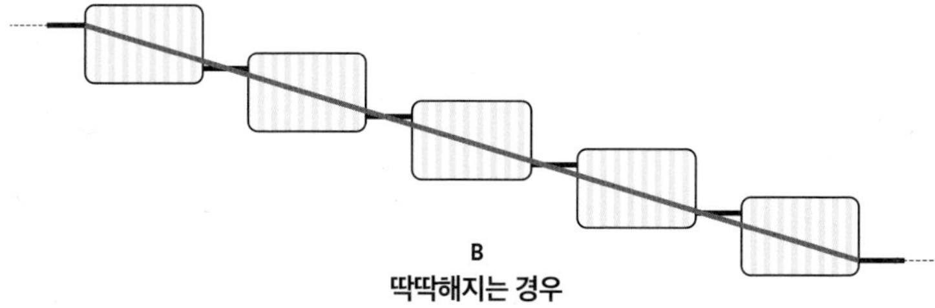

B
딱딱해지는 경우

A의 폴리이소프렌은 물결 모양을 이루고, B는 일직선이다. B의 분자는 플라스틱처럼 딱딱해지는데, 왜 이런 차이가 생기는 것일까? 앞에서 그린 대략적인 보조선을 사용해서 설명하겠다. 다음 그림을 보자. A의 폴리이소프렌은 물결 모양이기 때문에 빽빽하게 채워지지 않으며, 그 결과 딱딱해지지 않는다. 반면에 B의 분자는 직선이어서 빽빽하게 채워지며, 그 결과 딱딱해진다. 이처럼 분자의 구조가 서로 달라 성질에서 차이가 생기는 것이다.

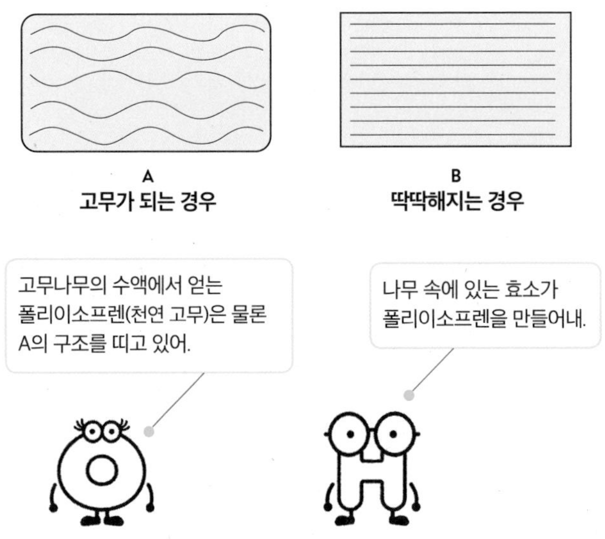

이어서 고무의 탄성에 관해 알아보자. 고무의 분자를 선으로 나타냈을 때, 고무를 잡아당기기 전과 잡아당긴 뒤의 분자의 형태는 다음 그림과 같다. 잡아당기기 전에는 마구 뒤엉킨 형태이지만, 잡아당기면 곧게 펴지고, 힘을 빼면 원래의 형태로 돌아가려 한다.

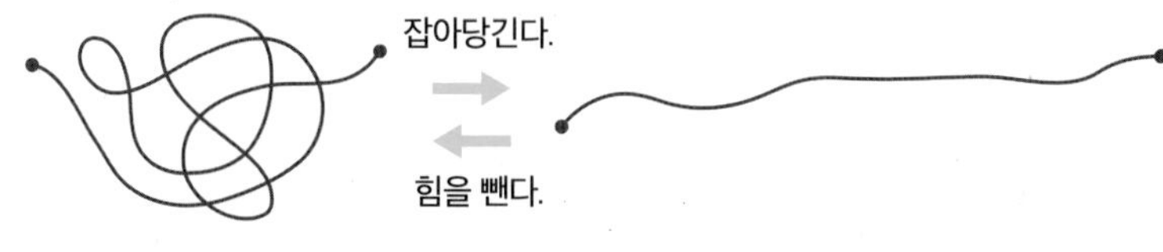

그런데 사실 폴리이소프렌에는 우리가 평소에 사용하는 고무 제품만큼 탄성이 있지 않아서 힘을 빼도 원래의 상태로 돌아가지 않는다. 어떻게 해야 고무 제품처럼 탄성을 가지게 될까? 그 답은 폴리이소프렌에 어떤 분자를 추가해서 탄성을 늘리는 것이다.

어떤 분자란 바로 황이다. 다음 그림처럼 황 S와 폴리이소프렌을 연결한다.

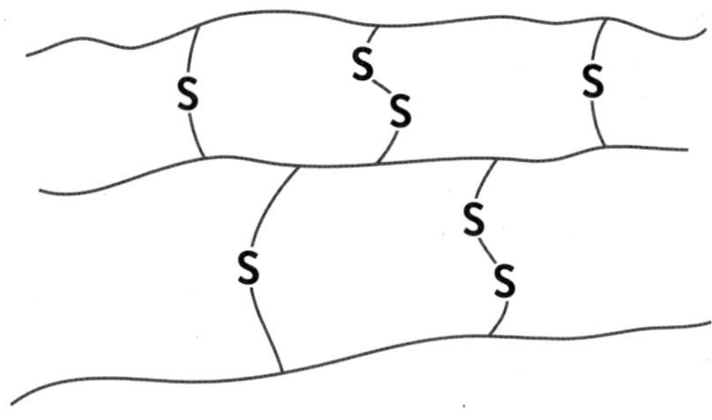

참고로 이 공정을 가황이라고 부른다. 마치 다리를 놓은 듯한 구조다. 그런데 일회용 기저귀에서도 이와 비슷한 구조가 나왔던 것을 기억하는가? 144쪽 그림의 '연결되어 있는 부분'이라고 적힌 곳이다. 일회용 기저귀의 경우는 물의 분자를 가두기 위한 구조였지만, 이번에는 목적이 다르다. 황을 사용해서 그물 같은 구조로 만듦으로써 탄력이 높아져 강하고 내구성이 높은 고무가 된다. 이 구조 덕분에 길게 잡아 늘여도 원래의 형태로 돌아가는 힘이 강해지는 것이다.

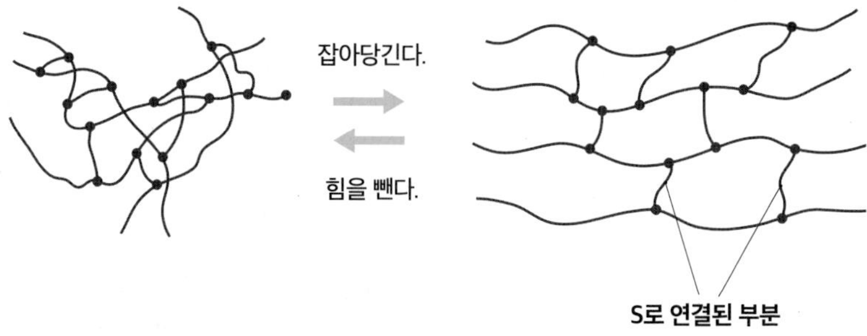

참고로 고무나무에서 얻은 폴리이소프렌에 황을 첨가해 가열한 다음 기계를 사용해서 통 모양으로 만들어 고리 형태로 자르면 고무 밴드가 완성된다.

다시 타이어의 이야기로 돌아가자. 타이어에는 폴리이소프렌이 들어 있지만, 그 밖의 고무 분자도 들어 있다. 잘 알려진 분자 중 하나가 SBR이다. SBR은 Styrene–Butadiene Rubber의 약어로, 스티렌과 부타디엔이라는 분자가 연결되어 커다란 분자가 된 것이다. 그리고 이 두 분자도 사실은 석유에서 유래했다.

스티렌 C_8H_8 **부타디엔 C_4H_6**

참고로 타이어의 검은색을 내는 카본블랙도 배합되어 있다. 카본은 탄소라는 의미다. 카본블랙은 석유를 증류한 뒤에 남은 것을 연소시켜 얻는 그을음으로, 성분의 95퍼센트 이상이 탄소다. 타이어의 검은색은 탄소의 검은색인 것이다.

4 식물이 휘발유를 대신한다면?

이 책도 어느덧 막바지에 접어들었다. 마지막의 두 항목은 식물에 관한 이야기다.

우리는 공기 속의 산소를 들이마시고 이산화 탄소를 뱉어 낸다. 식물은 반대로 공기 속의 이산화 탄소를 들이마시고 산소를 뱉어 낸다. 그렇다면 공기 속에 대량으로 존재하는 질소 N_2를 이용하는 생물도 있을까? 앞에서도 이야기했듯이 N_2는 공기 속에 존재하는 분자의 약 80퍼센트를 차지하는데(부피 백분율, 20쪽), 우리 인간은 이처럼 공기 속에 잔뜩 있는 질소를 이용하지 못한다. 그러나 식물 중에는 질소를 변환시켜서 흡수하는 유형이 있다. 바로 콩과 식물이다. 그러면 질소를 흡수할 수 있는 식물에 관해 알아보자.

대두나 자운영, 토끼풀 등 콩과 식물은 근립균이라는 균과 함께 살고 있다. 근립균은 그 이름처럼 콩과 식물의 뿌리에 뿌리혹을 만들고 그 속에서 생활한다(참고로, 이 균은 식물과 함께 살지 않고 자력으로 생활할 수도 있다).

근립균은 주위의 질소를 흡수한 다음 나이트로제네이스라는 효소를 사용해 암모늄 이온으로 변환시킬 수 있다. 이것을 '질소 고정'이라고 부른다. 암모늄 이온은 요소가 만들어지는 과정을 설명할 때 등장했었다 (137쪽).

콩과 식물은 근립균이 만들어낸 암모늄 이온을 얻는 한편 자신이 광합성을 통해서 만들어낸 영양분을 근립균에게 준다.

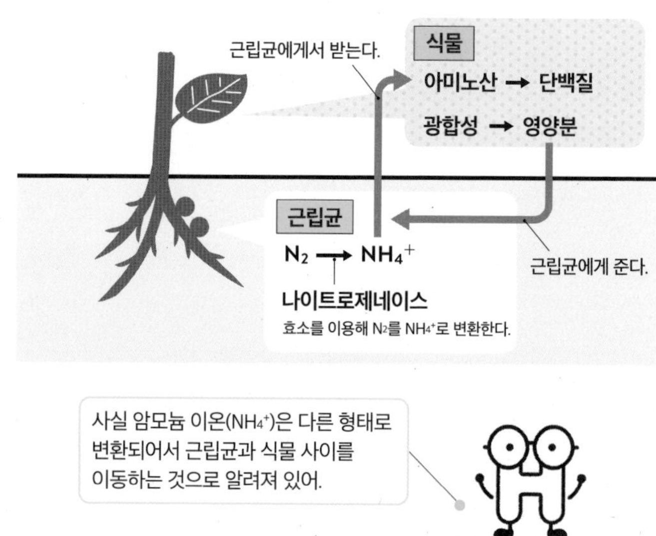

식물은 근립균에서 받은 암모늄 이온을 바탕으로 여러 가지 아미노산을 만든다. 이것을 '질소 동화'라고 한다. 아미노산에는 반드시 질소 원자인 N이 들어 있는데, 암모늄 이온의 질소 원자가 사용된다.

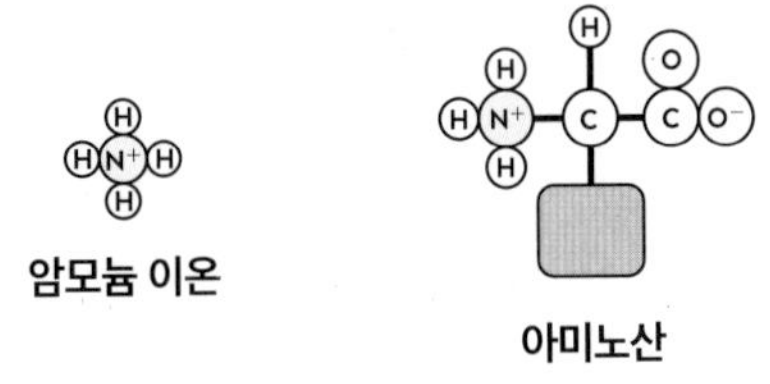

암모늄 이온

아미노산

또한 식물은 아미노산을 사용해 단백질을 만든다. 즉 단백질은 아미노산이 연결된 것이다. 머리카락에 관해 이야기할 때 자세히 설명했듯이, 단백질은 다양한 성질과 기능을 지니고 있으며 인간에게 중요한 존재다(121쪽). 그리고 이것은 식물에게도 마찬가지다.

이와 같이 콩과 식물은 자신이 직접 질소를 이용하는 것이 아니라 근립균의 도움으로 질소를 이용하고 있으며, 그 대신 광합성으로 만들어낸 영양분을 근립균에게 준다. 서로 상부상조하는 이런 관계를 공생이라고 한다. 참고로 근립균 이외에 남조류나 일부 균도 질소 동화를 할 수 있다. 물론 인간은 하지 못한다.

그렇다면 근립균과 공생하지 못하는 식물은 질소 N을 이용하지 못할까? 꼭 그렇지만은 않다. 동물의 시체나 배설물은 흙 속의 균에 분해되어 암모늄 이온(NH_4^+)이 된다(암모늄 이온의 질소 N은 단백질 등에 들어 있는 질소 원자에서 유래한 것이다). 식물은 이 암모늄 이온을 흡수할 수 있으며, 그것을 이용해 아미노산과 단백질을 만든다. 또한 그 식물을 동물이 먹으면 아미노산이나 단백질이 동물에게 돌아간다.

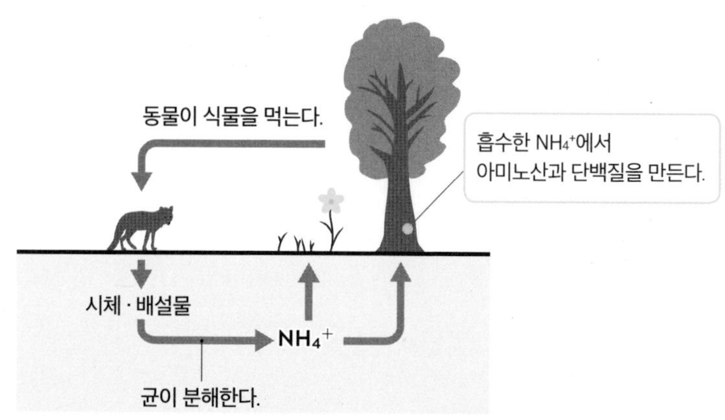

이와 같이 질소 원자는 다양한 형태로 변환되어 세상을 순환하고 있음을 알 수 있다.

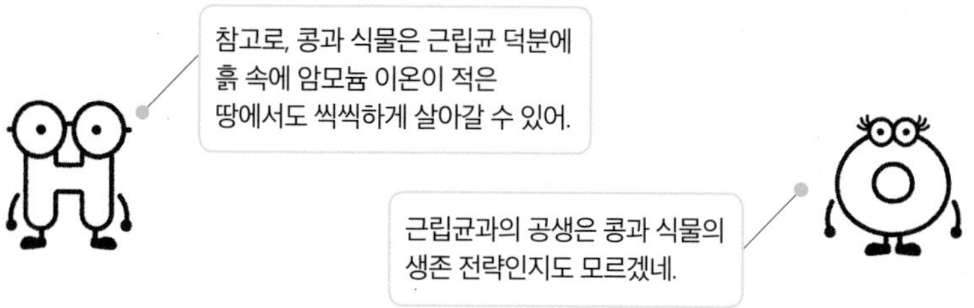

그 밖에 동물의 시체 등에서 유래한 암모늄 이온(NH_4^+)이 역시 균의 활동으로 아질산 이온(NO_2^-), 이어서 질산 이온(NO_3^-)으로 변환되어 식물에 흡수된 뒤 다시 식물의 내부에서 암모늄 이온이 되어 아미노산과

단백질이 만들어지는 순환도 있다. 또한 식물의 내부에서는 효소가 활동하고 있다.

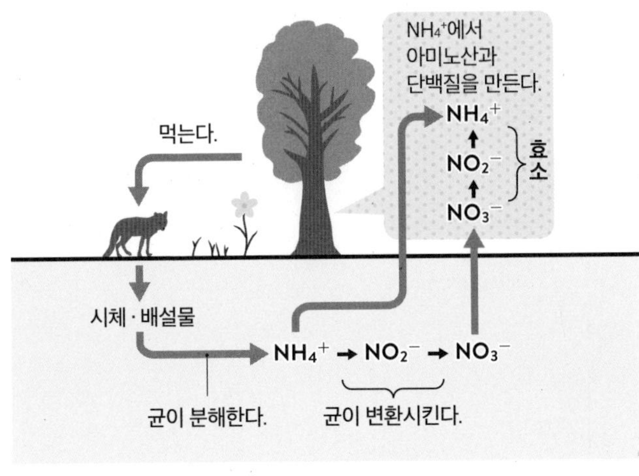

5 식물에서 유래한 에너지 ✦조금 더 자세히!✦

드디어 마지막 이야기다.

이 장의 앞부분에서는 석유, 그리고 석유로부터 얻는 휘발유에 관해 설명했다. 이와 관련해서 마지막으로 식물이 휘발유를 대신한다는 이야기를 하고 이 책을 마치려 한다.

식물에서 유래한 휘발유, 즉 연료의 정체는 에탄올이다. 에탄올의 화학식은 CH_3CH_2OH로, 술의 성분이다. 술이 휘발유를 대신한다니 놀라운 일이다. 연료로 사용되는 에탄올은 '바이오에탄올'이라고 부른다.

에탄올은 다음과 같은 식으로 연소해 에너지가 된다.

$$CH_3CH_2OH + 3O_2 \rightarrow 2CO_2 + 3H_2O + \text{에너지}$$

이때 얻는 에너지로 자동차를 움직일 수 있는 것이다. 이 에탄올은 옥수수나 사탕수수 같은 식물에서 얻을 수 있다.

그런데 식물에서 유래한 연료를 사용하면 어떤 이점이 있을까? 앞에서 휘발유를 사용하면 에너지를 얻는 동시에 이산화 탄소가 배출된다는 이야기를 한 바 있는데(204쪽의 화학 반응식 참조), 이산화 탄소는 지구 온난화의 원인 중 하나인 온실가스다. 그래서 휘발유를 사용할 때는 배출되는 이산화 탄소의 양이 문제가 된다.

한편 바이오에탄올의 원료인 식물은 성장할 때 이산화 탄소를 사용한다. 그래서 바이오에탄올을 사용해 이산화 탄소가 배출되더라도(위쪽의 식을 참조) 이산화 탄소의 배출량이 사실상 제로가 된다는 발상이다.

이런 발상을 '탄소 중립'이라고 부른다.

또한 식물은 단기간에 성장한다. 길어야 수백 년 정도다. 반면에 석유가 만들어지기까지는 기나긴 세월이 소요된다(195쪽). 바이오에탄올이 보급되면 석유를 절약할 수 있는 것이다.

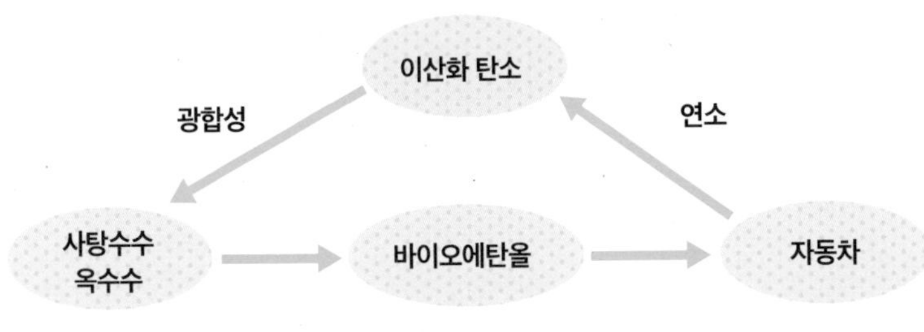

잠시 '온실 가스'라는 용어를 설명하고 넘어가도록 하겠다. 지표면(지구의 표면)이 방출하는 열을 기체가 흡수하고 흡수한 열을 기체가 방출할 때, 우주뿐만 아니라 지표면으로도 열을 방출한다. 그 결과 지표면의 온도가 높아진다. 이런 온실 효과를 일으키는 기체를 온실 가스라고 부른다.

다시 바이오에탄올 이야기로 돌아가자. 미국과 브라질에서는 이미 바이오에탄올이 보급되고 있다. 미국은 옥수수에서, 브라질은 사탕수수에서 바이오에탄올을 만들고 있다. 미국에서는 옥수수가, 브라질에서는 사탕수수가 대량으로 생산되기 때문이다. 바이오에탄올은 휘발유에 10~25퍼센트 정도 섞어서 사용되고 있다.

일본의 경우는 2007년에 바이오에탄올이 3퍼센트 들어 있는 휘발유가 판매되기 시작했지만 보급률은 신통치 않았다.

소량밖에 섞지 않은 이유는 휘발유에 바이오에탄올을 너무 많이 섞으면 자동차의 부품을 부식시킨다는 문제와 수분이 섞여 들어갔을 때 에탄올이 물에 녹아서 휘발유와 분리되어 버리는 문제가 있기 때문이다. 위험성이 높아지는 것이다.

다만 앞서 설명한 대로 바이오에탄올을 섞은 만큼 석유 소비량을 줄일 수 있으며, 그 결과 대기 속의 이산화 탄소 농도가 증가하는 것도 억제할 수 있다. 또한 휘발유와 바이오에탄올을 어떤 비율로 섞든 달릴 수 있는 자동차도 있으며, 브라질에서는 이미 보급되고 있다고 한다.

그런 자동차를 FFV(Flexible Fuel Vehicle, 가변 연료 자동차)라고 불러.

그런데 바이오에탄올은 식물에 들어 있는 전분이나 수크로스 등의 당질로부터 만들어진다. 이것이 어떤 분자였는지 기억나는가?

전분은 아밀로스와 아밀로펙틴을 의미한다. 쌀의 주성분이지만, 옥수수에도 들어 있다. 옥수수 속의 전분이 바이오에탄올을 만드는 데 사용되는 것이다. 수크로스는 설탕 속에 들어 있으며, 앞에서 이야기했듯이 사탕수수에서 채취할 수 있다. 사탕수수에 들어 있는 수크로스에서도 바이오에탄올을 만들 수 있다.

그러면 바이오에탄올이 만들어지는 과정을 좀 더 자세히 살펴보자. 먼저 전분에 관해 설명하겠다. 우리의 몸에 들어간 전분은 효소에 의해 분해되어 글루코스가 되는데(146쪽), 에탄올 제조 과정에서도 같은 반응을 일으킨다. 효소를 사용해 옥수수에 들어 있는 전분을 분해하는 것이다. 이 조작으로 글루코스를 얻을 수 있다. 그리고 이렇게 해서 얻은 글루코스를 에탄올로 분해하는데, 이때 균의 힘을 사용한다. 엄밀히 말하면 균이 가진 효소의 힘을 이용한다. 효소를 사용하는 것은 똑같지만 이 경우는 균을 통째로 사용한다.

그 화학 반응식은 다음과 같다.

효모(에 들어 있는 효소)

$$C_6H_{12}O_6 \rightarrow 2CH_3CH_2OH + 2CO_2 + \text{에너지}$$

글루코스 (혹은 프럭토스) 에탄올

이것이 이른바 '발효'다. 발효라는 용어를 들어 본 적이 있을 것이다. 아주 작은 생물인 균이 일으키는데, 그 균을 '효모'라고 한다. 식의 오른쪽에 '에너지'라고 적혀 있는데, 이 에너지는 발효를 하는 효모 자신이 얻는다.

자동차의 연료로 사용되는 것은 이때 생기는 CH_3CH_2OH(에탄올)다. 여담이지만 에탄올은 술의 성분인데, 술 역시 발효를 통해서 만들어진다.

이어서 수크로스에 관해 설명하겠다. 수크로스의 경우도 역시 효모를 사용한다. 효모에 들어 있는 효소가 먼저 사탕수수 속에 있는 수크로스를 글루코스와 프럭토스로 분해한다. 앞에서 이야기했듯이 수크로스는 글루코스와 프럭토스로 구성되어 있다(38쪽). 이렇게 해서 생긴 글루코스와 프럭토스가 앞의 화학 반응(발효)을 통해 에탄올로 분해되는 것이다.

맺음말

이제 책을 마무리하고자 한다.

우리 눈에 보이지 않는 세계에서 분자나 이온이 달라붙거나 떨어지고 있다. 눈에 보이지 않는 세계를 상상하며 화학을 즐거운 학문이라고 생각했다면 그보다 기쁜 일은 없을 것이다. (사실 최근 들어서는 최신 기계를 이용하면 아주 조금이나마 볼 수 있게 되었지만…….)

생각해 보면 대학 시절 나는 눈에 보이지 않는 분자들이 질서정연하게 세상을 구성하고 있다는 데 감동을 받았다. 중학교나 고등학교 때는 그런 감동을 느낄 만큼 열심히 공부하지 않았지만, 재수를 선택하고 필사적으로 공부해 대학생이 된 뒤에 그 감동을 느꼈던 순간을 지금도 기억한다. 그리고 조금만 다른 식으로 표현하면 화학을 싫어하는 사람이나 화학에 자신이 없는 사람들에게 그 감동을 조금이나마 전할 수 있지 않을까 하는 마음으로 이 책을 썼다.

〈머리말〉에서도 말했듯이 사회인 여러분이 화학의 관점에서 세상일을 이해할 수 있게 되고 자신의 업무에 화학을 반영할 수 있게 된다면 화학자로서 커다란 보람일 것이다.

또한 여러분이 중학생이나 고등학생이라면 이 책을 계기로 과학과 화학 수업을 즐겁게 여기고 나아가 성적도 오른다면 참으로 기쁠 것이다.

이 책을 통해서 알 수 있듯이 화학식만 봐서는 좀처럼 알 수 없는 것이 많기 때문에 자세한 구조를 그리면서 생각해야 한다. 예를 들어 상세한 구조를 살펴보지 않고 $C_6H_{12}O_6$라는 화학식만을 봐서는 그것이 어떤 분자인지 알 수가 없다. 글루코스인지 프럭토스인지도 알 수가 없고, 글루코스라고 해도 α-글루코스인지 β-글루코스인지 알 수가 없다.

화학식이 복잡해질수록 더 상세하게 구조를 살펴보는 것이 중요하다.

이 책에서 여러 가지 화학식을 소개했는데, 고등학교 화학 수업에서는 $C_6H_{12}O_6$나 H_2O 같은 화학식을 '분자식'이라고 부른다. 사실 화학식은 다음과 같이 세세하게 분류되어 있다.

1. 분자식 : H_2, O_2, H_2O, CH_4O(메탄올)
2. 조성식 : NaCl, C, Cu 등 이온이나 원자가 죽 연결되어 있는 구조이며 분자에 해당하는 것이 존재하지 않는 물질을 나타내는 식(사실 이런 물질은 분자를 만들지 않는다)
3. 이온식 : Na^+, Cl^- 등 이온을 나타낸 식(참고로, 화학의 세계에서는 이런 플러스나 마이너스를 전기가 아니라 전하라고 표현하는 경우가 대부분이다)
4. 구조식 : H−H나 O=O 등 결합의 모습과 구조를 밝힌 식
5. 시성식 : CH_3OH(메탄올) 등 분자식과 비슷하지만 구조를 의식하면서 적은 식

이런 지식들을 무기로 삼아 다음 단계로 나아갈 준비를 한다면 기쁠

것이다.

마지막으로 이 책을 집필할 때 전문적인 조언을 해 주신 분들께 이 자리를 빌려 깊은 감사를 전한다. 또한 이 책을 집필할 귀한 기회를 주고 멋진 형태로 완성해 준 여러분에게 감사드린다.

참고문헌

소금, 설탕, 미각에 관하여

식품보존과생활연구회 편, 《소금과 설탕과 식품 보존의 과학(塩と砂糖と食品保存の科学)》, 일간공업신문(2014).

야마모토 다카시, 《즐겁게 공부하는 미각 생리학 : 미각과 섭식행동의 과학(楽しく学べる味覚生理学:味覚と食行動のサイエンス)》, 겐파쿠샤(2017).

후시키 도루, 《미각과 기호의 과학(味覚と嗜好のサイエンス)》, 마루젠출판(2008).

사이클로덱스트린, 후각에 관하여

데라오 게이지, 《사이클로덱스트린의 응용 기술(シクロデキストリンの応用技術)》(보급판), 고미야마 마코토 감수, CMC출판(2013).

데라오 게이지, 《세상에서 가장 작은 캡슐 : 환형 올리고당이 낳은 생활 속 나노테크놀로지(世界でいちばん小さなカプセル:環状オリゴ糖が生んだ暮らしの中のナノテクノロジー)》, 이케가미 구미 편, 일본출판제작센터(2005).

데라오 게이지, 《식품 개발자를 위한 사이클로덱스트린 입문(食品開発者のためのシクロデキストリン入門)》, 핫토리 겐지로 감수, 일본식량신문사(2004).

히라야마 노리아키, 《'향기'의 과학 : 냄새의 정체에서 그 효능까지(「香り」の科学:匂いの正体からその効能まで)》, 고단샤블루백스(2017).

유지, 채소의 향기에 관하여

고무라 요시노리 감수, 《식용 유지 입문(食用油脂入門)》, 일본식량신문사(2013).

구보타 기쿠에 · 모리미쓰 야스지로 편, 《식품학 : 식품 성분과 기능성(食品学:食品成分と機能性)》, 도쿄화학동인(2016).

도타니 요이치로 · 하라 세쓰코 편, 《유지의 과학(油脂の科学)》, 아사쿠라쇼텐(2015).

하라다 이치로, 《유지 화학의 지식(油脂化学の知識)》(개정신판), 도타니 요이치로 개정편저, 사이와이쇼보(2015).

하타나카 아키카즈, 《녹색 향기 : 식물의 위대한 지혜(みどりの香り:植物の偉大なる知恵)》, 마루젠출판(2005).

하타나카 아키카즈, 《진화하는 '녹색 향기' : 그 신화에 다가간다(進化する"みどりの香り":その神秘に迫る)》, 프래그런스저널사(2008).

하타나카 아키카즈, 〈식물 기원의 '녹색 향기'(植物起源の「みどりの香り)〉, 《화학과 생물(化学と生物)》, Vol.31, No.12, pp.826~834(1993).

C. Gigot · M. Ongena · M.-L. Fauconnier · J.-P. Wathelet · P. D. Jardin · P. Thonart, The Lipoxygenase Metabolic Pathway in Plants : Potential for Industrial Production of Natural Green Leaf Volatiles, *Biotechnol. Agron. Soc. Environ.*, Vol.14, pp.451~460(2010).

충치에 관하여

소마 리히토, 《그 칫솔질은 만병의 근원 : 치과 IQ가 건강 수명을 결정한다(その歯みがきは万病のもと:デンタルIQが健康寿命を決める)》, SB크리에이티브(2017).

하마다 시게유키 · 오시마 다카시 편, 《새로운 충치의 과학(新·う蝕の科学)》, 의치약출판(2006).

NPO법인 최첨단충치 · 치주병예방을요구하는모임, 《양치질을 하는데도 왜 충치가 생길까?(歯みがきしてるのにむし歯になるのはナゼ?)》, 니시 마키코 감수, 오랄케어(2014).

머리카락에 관하여

르베르/다카라벨몬트주식회사, 《미용업계 발상이기에 이해할 수 있다! 모발 과학의 기본(サロンワーク発想だからわかる! きほんの毛髪科学)》, 여성모드사(2014).

마에다 히데오, 《현장에서 활용할 수 있는 모발 과학 : 미용사의 케미 대화(現場で使える毛髪科学:美容師のケミ会話)》, 가미쇼보(2018).

세정에 관하여

오야 마사루, 《도해 입문 알기 쉬운 최신 세정 · 세제의 기본과 메커니즘(図解入門よくわかる最新洗浄·洗剤の基本と仕組み)》, 슈와시스템(2011).

하세가와 오사무, 《이것으로 이해한다! 비누와 합성 세제의 Q & A 50 : 당신은 무엇을 사용하고 있습니까?(これでわかる! 石けんと合成洗剤50のQ&A:あなたは何を使っていますか?)》, 세제 · 환경대학연구회 편, 고도출판(2015).

오줌 · 장내 세균 · 똥에 관하여

스테판 게이츠, 《방귀학 개론 : 세상 진지한 방귀 교과서》, 이지연 옮김, 해나무(2019).

나카노 쇼이치 편, 《생리 · 생화학 · 영양 도감 : 신체 구조와 작용(生理·生化学·栄養 図説:からだの仕組みと働き)》, 의치약출판(2001) ← 4장의 "오줌의 성분 비율"은 이 책을 참고.

마스다 후사요시, 《고흡수성 폴리머(高吸水性ポリマー)》, 고분자학회 편, 교리쓰출판(1987).

사카이 마사히로, 《도해 입문 알기 쉬운 변비와 장의 기본과 구조(図解入門 よくわかる便秘と腸の基本としくみ)》, 슈와시스템(2016).

의료정보과학연구소 편, 《병이 보인다 8 : 신장 · 비뇨기(病気がみえる vol.8:腎·泌尿器)》(제2판), 메딕미디어(2014).

NHK스페셜취재반, 《살이 빠진다! 젊어진다! 병을 예방한다! 장내 플로라의 10가지 진실(やせる! 若返る! 病気を防ぐ! 腸内フローラ10の真実)》, 주부와생활사(2015).

Alanna Collen, *10% Human : How Your Body's Microbes Hold the Key to Health and Happiness*, Harpercollins Publishers(2015).

액정에 관하여

다케조에 히데오 · 미야치 고이치, 《액정 : 기초에서 최신 과학과 디스플레이 테크놀로지까지(液晶:基礎から最新の科学とディスプレイテクノロジーまで)》, 일본화학회 편, 교리쓰출판(2017).

마쓰우라 가즈오 편, 《구조 도해 고분자 재료를 가장 잘 이해할 수 있는 책(しくみ図解 高分子材料が一番わかる)》, 오사키 구니히로 감수, 기술평론사(2011).

스즈키 야소지 · 니자키 노부야, 《너무나도 쉬운 액정 책(トコトンやさしい液晶の本)》(제2판), 일간공업신문사(2016).

면에 관하여

가토 데쓰야, 《알기 쉬운 산업용 섬유의 기초 지식(やさしい産業用繊維の基礎知識)》, 무카이야마 다이지 감수, 일본일간공업신문사(2011).

신슈대학교섬유학부 편, 《처음 배우는 섬유(はじめて学ぶ繊維)》, 일간공업신문사(2011).

전지에 관하여

사이토 가쓰히로, 《세상을 바꾸는 전지의 과학(世界を変える電池の科学)》, C&R연구소(2019).

와타나베 다다시 · 가타야마 야스시, 《전지를 이해한다 : 전기 화학 입문(電池がわかる: 電気化学入門)》, 옴사(2011).

요시노 아키라, 《전지가 일으키는 에너지 혁명(電池が起こすエネルギー革命)》, NHK출판(2017).

요시노 아키라 감수, 《리튬 이온 전지 : 최근 15년과 미래 기술(リチウムイオン電池: この15年と未来技術)》(보급판), CMC출판(2014).

진노 마사시, 《전지 BOOK(電池BOOK)》, 종합과학출판(2019).

후지타키 가즈히로 · 사토 유이치, 《만화로 이해하는 전지(マンガでわかる電池)》, 마니시 마리 그림, 옴사(2012).

석유 · 석유 제품에 관하여

가키미 유지, 《최신 업계의 상식 : 알기 쉬운 석유 업계(最新 業界の常識 よくわかる石油業界)》, 일본실업출판사(2017) ← 6장의 "일본의 석유 수입 상황"은 이 책을 참고.

노무라 마사카쓰, 《최신 공업 화학 : 지속적 사회를 향해(最新工業化学:持続的社会に向けて)》, 스즈카 데루오 편, 고단샤사이언티픽(2004).

도코톤석유프로젝트팀, 《너무 쉬운 석유 책(トコトンやさしい石油の本)》(제2판), 후지타 가즈오 · 시마무라 쓰네오 · 이하라 히로유키 편, 일간공업신문사(2014).

림정보개발주식회사, 《알기 쉬운 석유 정제 책(やさしい石油精製の本)》(개정판), 림정보개발주식회사(2018).

사이토 가쓰히로 · 사카모토 히데후미, 《이해한다×이해했다! 고분자 화학(わかる×わかった! 高分子化学)》, 옴사(2010).

아다치 긴야 · 이와쿠라 지아키 · 바바 아키오 편, 《새로운 공업 화학 : 환경과의 조화를 지향하며(新しい工業化学:環境との調和をめざして)》, 화학동인(2004).

Harold A. Wittcoff · Bryan G. Reuben · Jeffrey S. Plotkin, *Industrial Organic Chemicals*(3rd ed.), John Wiley & Sons(2013).

고무 · 타이어에 관하여

가마치 미키하루, 《개정 고분자 화학 입문 : 고분자의 재미는 어디에서 오는가?(改訂 高分子化学入門:高分子の面白さはどこからくるか)》, NTS(2006).

고무와생활연구회 편, 《너무 쉬운 고무 책(トコトンやさしいゴムの本)》, 나라 이사오 감수, 일간공업신문사(2011)

아사이 하루미, 《일본 고무 협회지(日本ゴム協会誌)》, Vol.50, No.11, 743(1977).

이노우에 쇼헤이 · 호리에 가즈유키 편, 《고분자 화학 : 기초와 응용(高分子化学:基礎と応用)》(제3판), 도쿄화학동인(2012)

이자와 쇼고, 《너무 쉬운 자동차의 화학 책(トコトンやさしい自動車の化学の本)》, 일간공업신문사(2015).

이토 마사요시, 《고무는 왜 늘어날까? : 500년 전 콜럼버스가 전한 '신'소재의 충격(ゴムはなぜ伸びる?:500年前, コロンブスが伝えた「新」素材の衝撃)》, 옴사(2007).

핫토리 이와카즈, 〈고무의 공업적 합성법(ゴムの工業的合成法)〉, 《일본고무협회지(日本ゴム協会誌)》, Vol.88, No.6, pp.227~231(2015).

바이오에탄올에 관하여

사카니시 긴야 · 사와야마 시게키 · 엔도 다카시 · 미노와 도모아키 편, 《너무 쉬운 바이오에탄올 책(トコトンやさしいバイオエタノールの本)》, 일간공업신문사(2008).

오다 유지, 〈최신 식품 제조에서 보이는 R&D : 혼합 원료로부터의 신바이오에탄올 생산 방법(最近の食品製造にみるR&D:混合原料からの新バイオエタノール生産方法)〉, 《화학 장치(化学装置)》, Vol.53, No.6, pp.8~11(2011).

후루이치 노부유키 · 시마모토 쇼 · 니시오 다카후미 · 와타나베 도모미 · 오하시 미키오 · 야스다 교헤이, 〈서브탱크리스(Subtankless) FFV(Flexible Fuel Vehicle) 개발(サブタンクレスFFV(Flexible Fuel Vehicle)の開発)〉, 《마쓰다 기보(マツダ技報)》, No.32, pp.197~202(2015).

중학교 · 고등학교 참고서

노무라 유지로 · 다쓰미 다카시 · 혼마 요시오, 《차트식 시리즈 신화학 : 화학 기초 · 화학(チャート式シリーズ新化学:化学基礎·化学)》, 스켄출판(2014).

도시마 나오키 · 세가와 히로시, 《쉽게 이해할 수 있는 화학 : 화학 기초 수록판(理解しやすい化学:化学基礎収録版)》, 분에이도(2012).

미즈노 다케오 · 아사시마 마코토, 《쉽게 이해할 수 있는 생물 : 생물 기초 수록판(理解しやすい生物:生物基礎収録版)》, 분에이도(2012).

아리야마 도모오 · 우에하라 하야토 · 오카다 히토시 · 고지마 도모유키 · 나카니시 가쓰지 · 나카미치 준이치 · 미야우치 다쿠야, 《중학 종합적 연구 : 과학(中学総合的研究:理科)》(제3판), 오분샤(2013). ← 2장의 "공기의 성분 비율"은 이 책을 참고.

우라베 요시노부, 《이과대학 입시 : 화학의 신연구(理系大学受験:化学の新研究)》(개정판), 산세이도(2019).

주변의 모든 것을 화학식으로 써 봤다

1판 1쇄 발행 | 2024년 4월 12일
1판 4쇄 발행 | 2024년 10월 25일

지은이 | 야마구치 사토루
옮긴이 | 김정환
감수자 | 장홍제

발행인 | 김기중
주간 | 신선영
편집 | 백수연, 유엔제이
마케팅 | 김신정, 김보미
경영지원 | 홍운선

펴낸곳 | 도서출판 더숲
주소 | 서울시 마포구 동교로 43-1 (04018)
전화 | 02-3141-8301
팩스 | 02-3141-8303
이메일 | info@theforestbook.co.kr
페이스북 | @forestbookwithu
인스타그램 | @theforest_book
출판신고 | 2009년 3월 30일 제2009-000062호

ISBN | 979-11-92444-83-3 03430